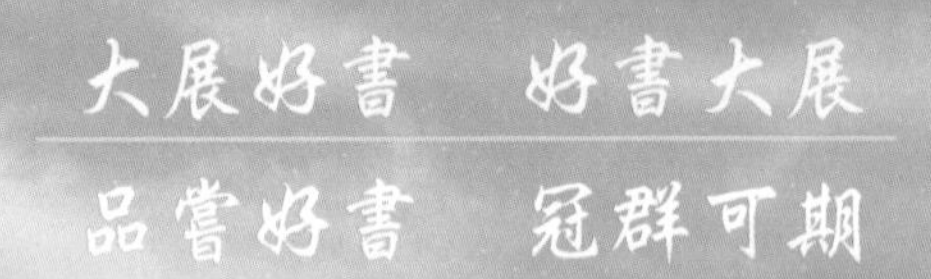
大展好書　好書大展
品嘗好書　冠群可期

大展好書　好書大展

品嘗好書　冠群可期

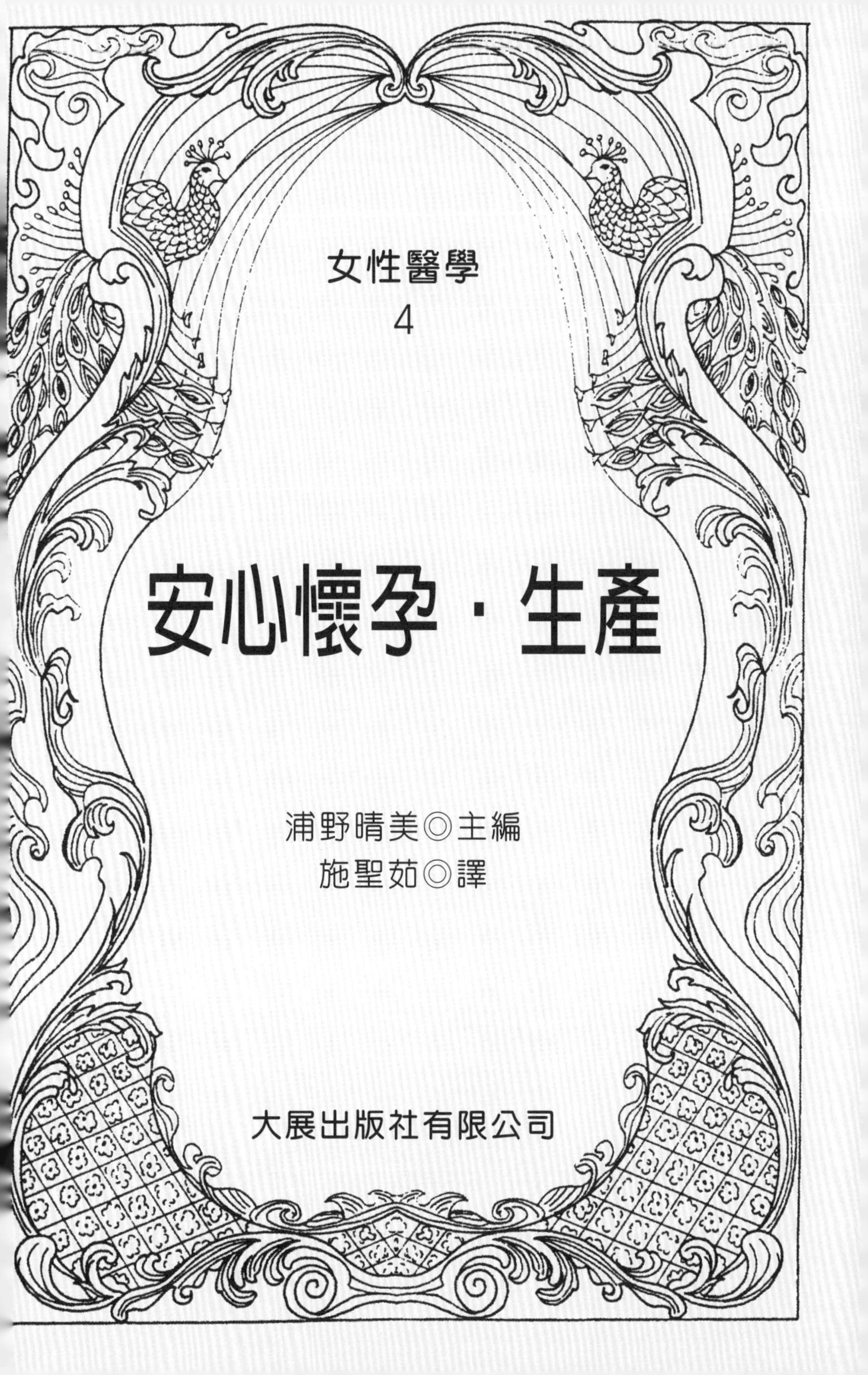

女性醫學
4

安心懷孕・生產

浦野晴美◎主編
施聖茹◎譯

大展出版社有限公司

獻給初為人母的妳……

以前，人們總認為走到地球的盡頭就會從地球上掉落。

事實上，地球是圓的，無論怎麼走都不會掉落。

以前，人們總認為太陽和星星繞著地球轉動。

事實上，是地球繞著太陽轉動。

在這超乎想像的廣闊宇宙中，

數百億個星雲中，有個名為銀河系的星雲。

我們所居住的太陽系，就是這個星雲的一部分。

地球繞著太陽轉動。

生活在地球上，

妳的肚子裡，

有著如筆尖般大的卵子

與精子相遇了……

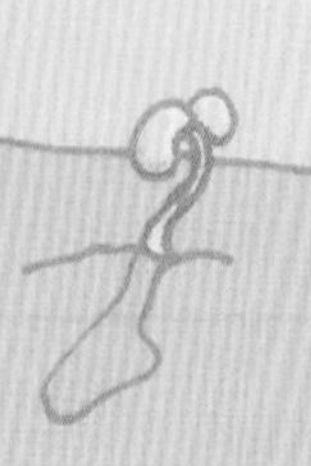

在浩瀚的宇宙中，
展開了值得珍惜的
無可取代的生命之旅。

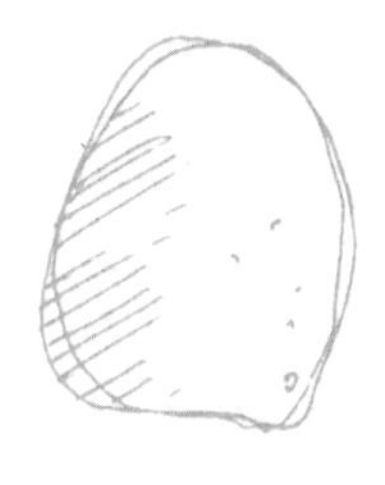

嬰兒的起源

誕生在地球上的全人類，
都擁有相同的生命誕生經驗。
無論是爸爸、媽媽、爺爺或奶奶，
甚至曾祖父、曾祖母都是一樣的。
鄰家的嬰兒、
在遙遠的國度生下的嬰兒，
大家都是一樣的。

妳知道肚子裡卵子的大小嗎？

人類卵子的大小就像筆尖輕碰紙上所留下的小記號一樣。
事實上，大象的卵子也只有同樣的大小。
無論是狗、馬或鯨魚，其卵子的直徑都只有0.14mm，極微小。生命就是起源於此……

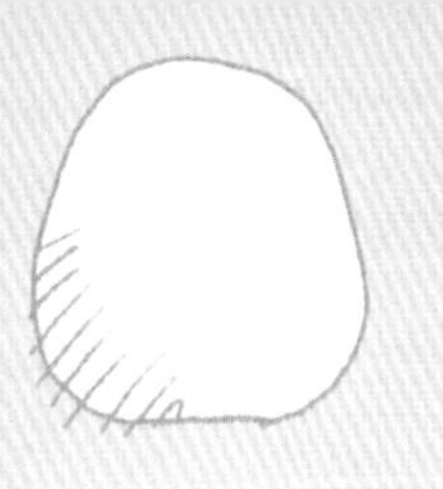

連現在的自己也是如此……

代代相傳的生命、

在母親的肚子裡即將發育的生命，

也會依循相同的過程傳承下去。

目　錄

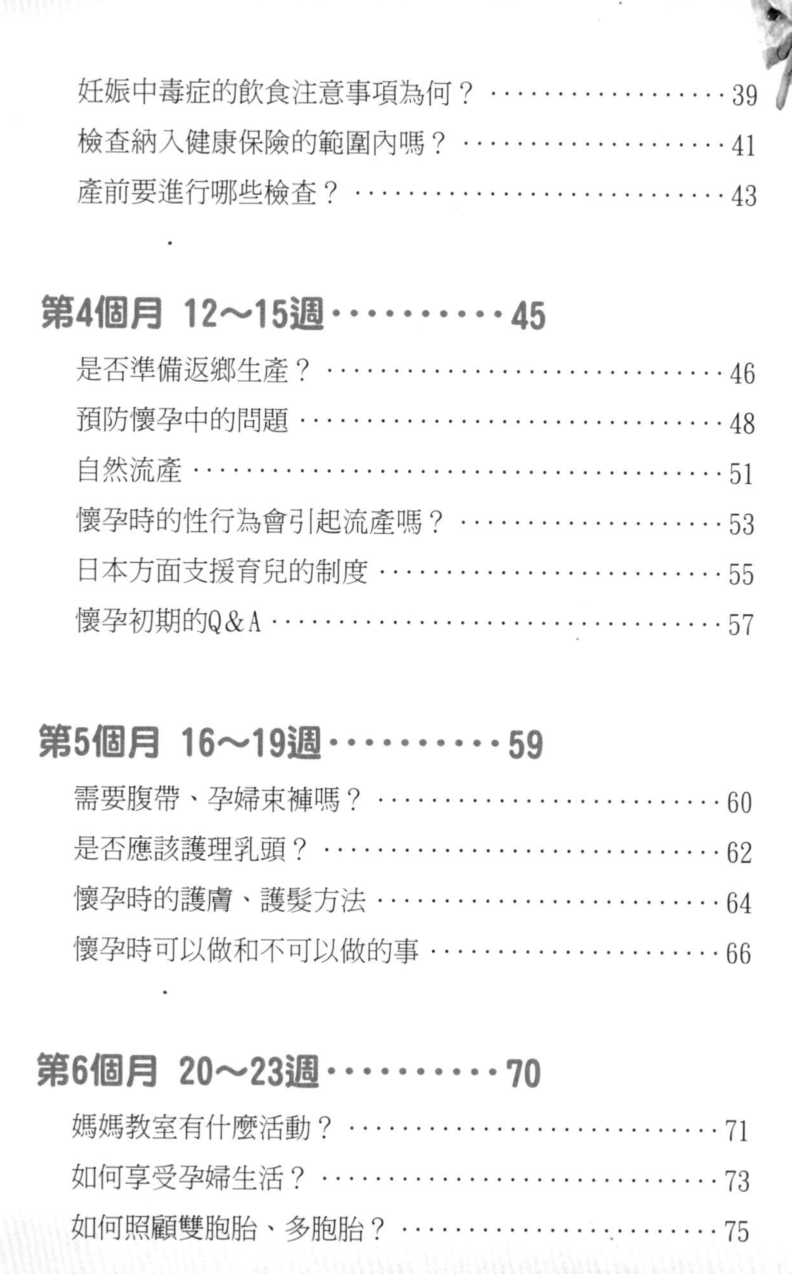

第4個月 12～15週…………45

第5個月 16～19週…………59

第6個月 20～23週…………70

嬰兒終於出生了！··········111

媽媽懷胎10個月的情況

時期	月份	週數	日數	檢查	注意事項	說明
懷孕初期	第1個月	0週	0～6日			・事實上，0～1週時尚未懷孕 ・第2週時才排卵受精 ・尚未出現懷孕的自覺症狀
		1週	7～13日			
		2週	14～20日			
		3週	21～27日			
	第2個月	4週	28～34日		注意流產	・胎兒的各器官開始成形，避免照X光或服藥 ・注意不要罹患德國麻疹 ・基礎體溫持續偏高 ・月經遲遲未來，出現孕吐症狀 ・出現乳腺腫脹、頻尿、嗜睡或焦躁等症狀 ・接受初診
		5週	35～41日			
		6週	42～48日			
		7週	49～55日			
	第3個月	8週	56～62日	定期檢查		・避免或減少性生活 ・領取母子健康手冊 ・職業婦女提早向上司報告
		9週	63～69日			
		10週	70～76日			
		11週	77～83日			
	第4個月	12週	84～90日	定期檢查		・停止孕吐，產生食慾 ・攝取均衡的飲食 ・進行適度的運動（孕婦體操）或散步來鍛鍊體力
		13週	91～97日			
		14週	98～104日			
		15週	105～111日			
懷孕中期	第5個月	16週	112～118日			・裹腹帶 ・開始照顧乳頭或矯正乳頭（肚子發脹的人到第10個月之後再開始） ・預約住院（預備回鄉生產的人要盡早擬定計畫） ・參加媽媽教室
		17週	119～125日	定期檢查		
		18週	126～132日			
		19週	133～139日			

與生活重點

時期	月份	週數	日數	檢查	注意	生活重點
懷孕中期	第6個月	20週	140～146日		注意妊娠中毒症、早產、貧血	・列出嬰兒用品單並準備嬰兒用品 ・準備孕婦用品或生產用品 ・在這個時期之前結束所有的旅行 ・這個時期可以治療牙齒
		21週	147～153日	定期檢查		
		22週	154～160日			
		23週	161～167日			
	第7個月	24週	168～174日			・**容易出現靜脈瘤、便秘或痔瘡現象** ・注意飲食 ・進行血液檢查，患有貧血的人，在產前要持續接受治療
		25週	175～181日			
		26週	182～188日	定期檢查		
		27週	189～195日			
懷孕後期	第8個月	28週	196～202日	定期檢查		・肚子疼痛或發脹時要立刻休息 ・容易罹患妊娠中毒症，最好攝取減鹽食品，充分休息 ・開始練習輔助動作
		29週	203～209日			
		30週	210～216日	定期檢查		
		31週	217～223日			
	第9個月	32週	224～230日	定期檢查		・因為看不清楚腳邊，所以走路時要注意 ・預備回鄉生產的人，在這個月月底就要回鄉 ・做好住院準備（生產用品、安排車子、連絡記錄及安排人照顧家中的生活起居）
		33週	231～237日			
		34週	238～244日	定期檢查		
		35週	245～251日			
	第10個月	36週	252～258日	定期檢查		・取得足夠的休息、睡眠，攝取均衡的營養，準備生產的體力 ・避免出遠門或單獨外出 ・再確認住院準備是否周全
		37週	259～265日	定期檢查		
		38週	266～272日	定期檢查		
		39週	273～279日	定期檢查		

※到41週又6日為止是正常產期

第 1 個月 (0～3週)

不知不覺中，新生命在體內孕育……

腹中胎兒的狀況？

身體尚未產生變化，
所以，沒有察覺自己已經懷孕了。
排卵後24小時內，精子與卵子
在輸卵管壺腹附近相遇（受精）。
反覆細胞分裂，
同時輸送到子宮內。
在媽媽的子宮裡，已經做好
迎接胎兒的準備。
受精後第6～7天，
受精卵在子宮內膜著床。
這時，受精卵稱為「胎芽」。
頭和軀幹無法區別，就像海馬一樣。

3週末
身高1公分以下
體重1公克以下

懷孕的構造？

約10個月後才看得到嬰兒。等待也是一種快樂。
在此之前，我們先來了解嬰兒是經過何種過程誕生的。

排卵

卵巢排出的卵子，由輸卵管繖承接之後，將其誘導到輸卵管。這時，爸爸的精子在那兒等待著。

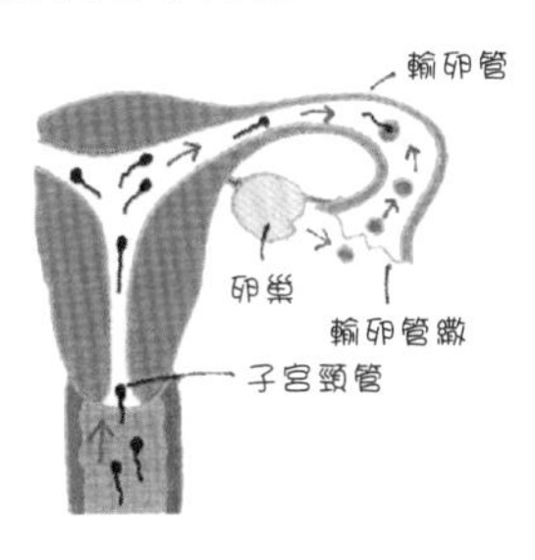

受精

大量的精子從子宮通過輸卵管，游向卵子所在的位置。最早到達的元氣十足的精子鑽入卵子內，完成受精，形成受精卵。

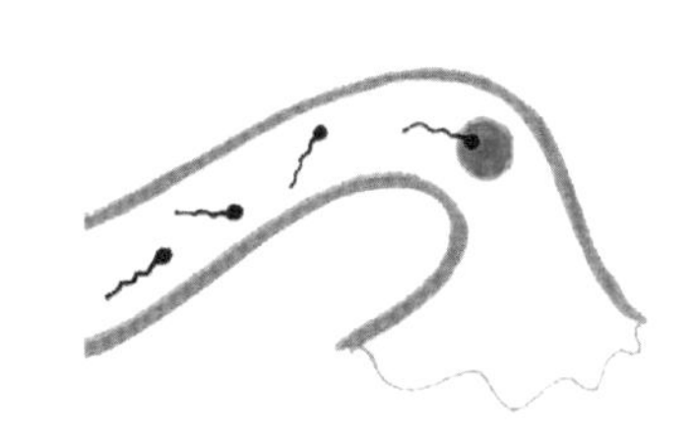

細胞分裂

受精卵在輸卵管內反覆細胞分裂，到達子宮。

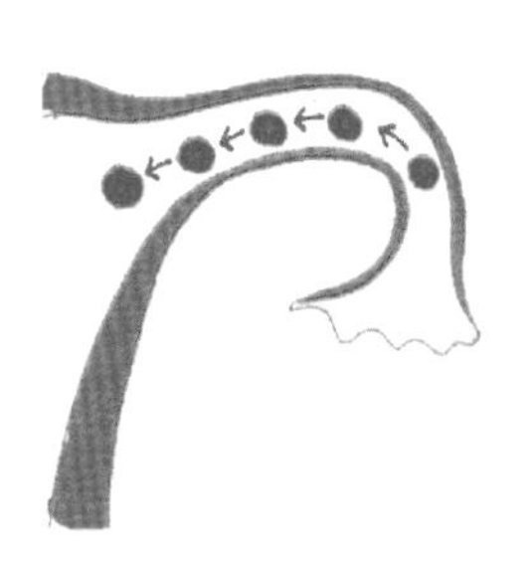

著床

受精後第4天，受精卵到達子宮。第7天，在子宮內膜的細胞著床。這就是懷孕。

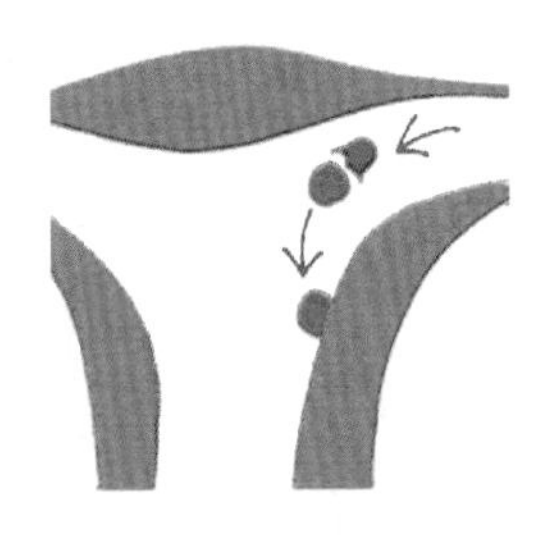

Column

懷孕時體溫會產生何種變化？

女性的體溫是藉著2種荷爾蒙的作用二相性，亦即呈現從月經開始到排卵為止的低溫期，以及從排卵到下一次月經開始之前的高溫期。高溫期的體溫比低溫期約高0.5度。月經週期28天的人，會持續出現2週的高溫期。一旦懷孕之後，則到了下一次生理期時，體溫都不會下降，高溫期會持續維持12週。高溫期持續3週以上且月經遲遲不來時，表示可能已經懷孕。這時，可以利用驗孕劑驗孕或儘早就醫檢查。

想要在何處生產？

想要安心的生產，首先要選擇婦產科醫院。
挑選自己滿意又適合的婦產科醫院很重要。

私人醫院

以產科為主的小規模設備。從初診到分娩，多半由同一個醫師負責。優點是可以建立彼此的信賴關係，迎接嬰兒的出生。

綜合醫院

病床數約100床以上，附設其他的診療科。設有NICU（新生兒集中治療室），可以處理高危險孕婦的緊急情況。

助產院

由助產士進行接生。採取自然的生產方式。孕婦可以選擇生產方式。不過，需要認真的溝通分娩時的問題。

在家生產

在家中接受助產士的協助進行生產。於孕婦最能放鬆的家中，全家人一起感受生命誕生的喜悅。這種體驗十分可貴。

檢查分娩設備的重點

看門診的距離

最好離自家或娘家較近。考慮健康檢查或住院的問題，應該以1小時內為標準。

分娩方式

依婦產科的不同，分娩方式有所限制。選擇無痛分娩或座位分娩時，則必須做更進一步的檢查。

母子同室・不同室

婦產科各有其規定，有時只有夜間母子才會各自在不同的房間裡。

是否擁有最新的設備

了解是否有NICU（新生兒集中治療室）或GCU（次期治療室）等能夠進行緊急處置的設備，或是與他院之間的聯繫情況。

Column

助產士的工作內容為何？

助產士具有生產方面的專業知識和技術。在正常分娩的狀態下，不需要醫師的監督，就可以為嬰兒接生。能夠正確的掌握孕婦與胎兒的狀態，給予孕婦日常生活的建議。此外，會在媽媽教室説明懷孕時的生活注意事項、分娩的構造、如何照顧嬰兒等，協助孕婦安心生產、進行育兒工作。事實上，從陣痛到抵達醫院分娩為止，能夠直接接觸孕婦的就是助產士。

選擇何種生產方式？

「無痛分娩較好」、「希望可以進行計畫分娩」。
選擇生產分式時，最好先和婦產科商量。

自然分娩

等待自然的陣痛出現，盡量避免做醫學處理。在丈夫的陪伴下，進行利用呼吸緩和陣痛疼痛的拉梅茲法。

拉梅茲法是指不需要借助麻醉的力量，藉著呼吸法和放鬆法靠自己的力量度過生產的不安，也算是一種精神的無痛分娩法。因此，事前一定要了解生產的內容或順序。產前就要練習呼吸法或用力法，靠自己的力量生下孩子。丈夫也可以在妻子生產時陪在一旁。這種生產法在日本非常普遍。

計畫分娩

決定生產日，以人工的方式催生。

無痛分娩

在利用麻醉緩和陣痛疼痛的狀態下生產。通常是採取局部麻醉，稱為「硬膜外麻醉」。最好選擇擁有專業麻醉技術的婦產科。

自由姿勢生產

挺起上半身，以坐姿進行分娩。藉著重力，讓嬰兒自然產下，稱為座位分娩。另外，也可以採取側躺或四肢趴地等的生產方式。不過，事前都要和醫師商量。

陣痛（L）、生產（D）、復原期（R）的生產流程全都在1個設備完善的病房進行。就好像在家中生產一樣，可以悠閒的度過這段時期。

第2個月(4～7週)

難道……
從開始相遇之後的
每一天

腹中胎兒的狀況？

身體出現異樣感覺，體溫一直很高，
而且生理期……咦，媽媽似乎想到了什麼。
這時，胎兒的頭和軀幹已經能夠區
分，變成2頭身。
腦急速發達。
從下垂體、視神經、聽覺神經、腦與脊髓
延伸出的自律神經發育完成，
同時開始準備和中樞神經相連。
胃腸、肝臟等內臟已經成形。
另外，保護內臟的皮膚、肌肉
和骨骼也發育完成。
臉、眼睛、耳朵、嘴巴都長出來了。
下垂體、胸腺、腎上腺等分泌
腺的組織也都出現了。
在小小的身體裡，
持續驚人的成長。

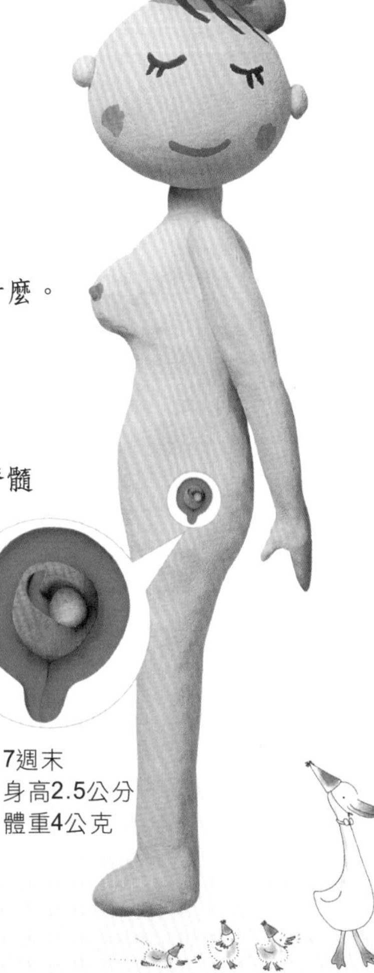

7週末
身高2.5公分
體重4公克

初次檢查的項目包括哪些？

「真的懷孕了嗎？」懷著忐忑不安的心到婦產科接受檢查。初次檢查的項目包括哪些呢？

超音波檢查

發出超音波的棒狀器具插入陰道裡，檢查是否懷孕，同時觀察子宮內部的情況、胎盤的位置。從第6週開始，就可以聽到胎兒的心跳。

尿液檢查

調查尿液中的荷爾蒙，確認懷孕反應。此外，進行健康檢查時，還必須檢查尿糖或尿蛋白，調查孕婦的健康狀態。

測定血壓

為了能夠在早期發現浮腫或高血壓等妊娠中毒症，每次做健康檢查時一定會量血壓。藉著初診可以掌握今後的標準值。

測量體重

為了知道是否因為孕吐導致體重過度減輕或增加而造成身體的負擔，所以，每次健康檢查時都要量體重。

血液檢查

為了調查是否存在會對懷孕或生產造成影響的疾病或體質，初期會進行下列8項檢查。

初期進行的血液檢查

○血型檢查

為了避免母子間的血型不合，必須利用ABO式、Rh式檢查血型。

○貧血檢查

分娩時的出血會延遲母體的復原期間，所以要事先檢查。

○德國麻疹抗體檢查

懷孕初期一旦罹患德國麻疹，會對胎兒造成不良的影響，所以，必須確認是否免疫。

○B型肝炎檢查

檢查有無B型肝炎病毒，可以在產後做好周全的處理。

○C型肝炎檢查

除了分娩後要進行內科的管理之外，偶爾會出現嬰兒感染的事例，所以，事前必須做檢查。

○梅毒反應檢查

容易透過胎盤感染嬰兒而引起流產。

○弓漿蟲檢查

寄生於貓等的原蟲，也會對胎兒造成不良的影響。

○HIV抗體檢查

檢查是否感染愛滋病，以便於處理可能性偏高的母子感染問題。

Column

何謂出生前檢查？

是指調查唐氏症等染色體異常的檢查。從分析孕婦血液的母體血清標記，能夠掌握嬰兒染色體異常的可能性。準確率極高。如果要做進一步的精密檢查，則可以採取羊水染色體檢查。然而，用針刺入孕婦的腹中抽取羊水，具有引起流產或感染胎兒的危險，甚至可能因為不良的結果而選擇墮胎。因此，在18週之前就必須接受檢查。檢查之前最好和醫師商量，同時也要和伴侶好好的溝通。

胎兒的性別是何時決定的？

不管男女都好……雖然這麼說，但內心還是很在意，因此事先要做好各種準備。可以事先知道胎兒的性別嗎？

受精時決定！

胎兒的性別是在與卵子受精時由精子的性染色體決定的。卵子與擁有Y性染色體的精子結合是XY，為男孩。與擁有X性染色體的精子結合是XX，為女孩。換言之，受精時就已經決定了性別。而在懷孕13週內，性器和其他臟器會持續分化。

8個月大時可以知道性別

8個月大時，可以利用超音波仔細看清外性器，藉此推測出性別。不過，只是推測，正確率為90%左右。等到出生後，才能夠完全確認。有的醫院採取產前完全不告知性別的方針。

雙胞胎的性別是如何形成的?

單卵性雙胞胎是一個受精卵分裂成兩個人，基因相同，所以性別也相同。如果是雙卵性雙胞胎，則因為卵子和精子來自不同的受精卵，而性別可能不同。雙胞胎對母體的負擔極大，因此，懷孕時要特別觀察經過，遵守注意事項。

Column

到何處領取母子健康手冊？

在日本，可以向衛生所或區公所及其駐外單位領取。在窗口填寫懷孕通知書上的必要事項後，當場即可領取手冊。因單位不同，有時需要印鑑或醫師的證明書，所以最好事先打電話確認。在母子健康手冊上記錄每次健康檢查時的懷孕情況，同時可以用來記錄產後預防接種等的育兒情況。此外，在提出懷孕通知書時，可以得到免費接受健康檢查的「孕婦健康檢查受診票」。懷孕8～12週時，就要領取母子健康手冊。

孕婦運動

懷孕時也要做運動！
進入穩定期之後，要向運動挑戰。

走路

稍微加速腳步走路，能夠促進血液循環，分解多餘的脂肪。總之，一定要進行輕鬆的運動。此外，接觸戶外的空氣，可以保持愉快的心情。

孕婦韻律操

配合音樂的節奏，進行適合孕婦的運動。在婦產科醫院或健身房多半會開設這類運動教室，可以積極參與。

孕婦游泳

藉著水的浮力，從腹部的重量中解放出來。放鬆身體，慢慢的游泳。不過，事前一定要取得婦產科醫師的許可。

孕婦瑜伽

藉著伸展和呼吸法，可以消除腰痛和肩膀酸痛的問題，受人歡迎。最初，必須跟隨專業的指導者練習。

足浴

懷孕時，身體溫暖，但手腳容易冰冷。懶得泡澡時，可以進行簡單的足浴。

雙腳放入盛裝38度溫水的洗臉盆中，直到能夠浸泡到腳踝的高度為止。倒入喜歡的沐浴劑或精油，雙腳浸泡在溫熱水中。冬天時水容易冰冷，所以，要補充較熱的水，保持一定的溫度。泡完腳後，為避免著涼，必須用毛巾裹住腳。

第3個月(8～11週)

太棒了……
胎兒已經長到這麼大了

感覺不舒服

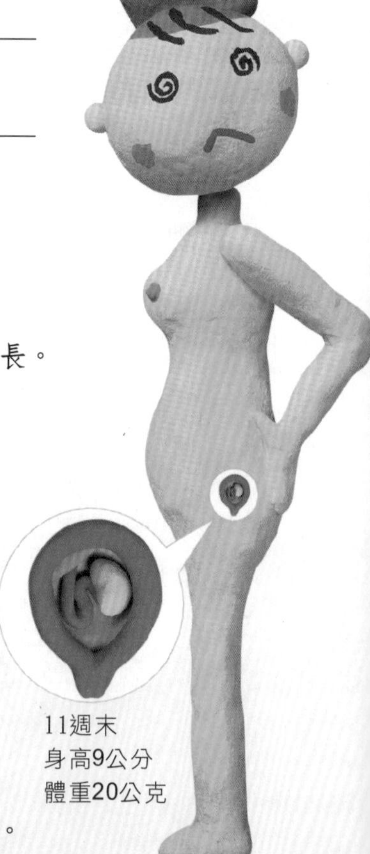

正值孕吐最嚴重的時候。
雖然肚子隆起的情況不明顯，
但確實可以感受到腹中的胎兒在成長。
壓迫到膀胱，排尿次數增加，
出現下痢、腰痛等症狀。
這些都是胎兒成長的證明。
胎兒的軀幹和手腳發達，
指甲也長出來了。
臉形清晰可辨，
腎臟已經成形，能夠發揮作用。
性器發達，可以推測出性別。
為出生所準備的基本構造全部成形。
從這個時期開始，可以稱為「胎兒」。

11週末
身高9公分
體重20公克

一天適當的飲食量為何？

為避免生產時發生問題，要以蛋白質、鈣質、礦物質為主，均衡的攝取各種營養。

懷孕時不可偏食，必須均衡的攝取各種營養。其中需要大量攝取的營養素，就是能夠保持胎兒發育及母體健康所需的蛋白質。

此外，還要加上能夠使熱量順利運用的維他命和礦物質。維他命和礦物質是容易缺乏的營養素，要特別注意。而且要積極攝取形成胎兒牙齒和骨骼成分的鈣質，以及能夠預防孕婦常見貧血症的富含鐵質的食品。

不可攝取過多的糖分

依懷孕前體形的不同，懷孕時體重的增加約以8～10公斤為標準。一週增加0.5公斤，而一個月增加2公斤以上時就要注意了。除了妊娠中毒症的浮腫之外，引起過胖的食品包括飯、麵類、麵包或零食等。原因在於攝取過多的糖分。因此，用餐時要減少攝取主食，多吃配菜。

■一天所需的營養攝取量（20～29歲的女性）

	熱量蛋 (Kcal)	白質 (g)	鈣 (mg)	鐵 (mg)	維他命A (IU)	維他命B_1 (mg)	維他命B_2 (mg)	維他命C (mg)
非懷孕時	1800	60	600	12	1800	0.7	1.0	50
懷孕前半期	1950	70	1000	15	1800	0.8	1.1	60
懷孕後半期	2150	80	1000	20	2000	0.9	1.2	60

胎兒也喜歡營養均衡的菜單

胎兒在成長時，媽媽一定要擁有健康的身體。
因此，必須攝取均衡的營養。

牛乳、乳製品和蛋料理

牛乳和乳製品均衡的含有必須氨基酸這種優質蛋白質。另外，這些製品富含孕婦容易缺乏的鈣質、維他命A、B1、B2。不能喝牛乳的人，可以將其混入咖哩飯或燉肉中，或是從優格和乳酪中來攝取鈣質。

蔬菜料理

含有豐富的維他命、礦物質和食物纖維。至少要攝取200公克以上的深色蔬菜。不過，牛蒡和竹筍等富含纖維質、較硬的蔬菜不易消化，最好少量攝取。

魚、肉、大豆料理

為優質蛋白質來源。含有維他命A、B1、B2、鐵、鈣質等。無法攝取魚或肉的人，可以積極的攝取豆腐或納豆等大豆製品。大豆中也含有豐富的食物纖維。

Column

飲食的陷阱！

即使減少碳水化合物和脂肪的攝取量，但是，依調理法的不同，有時還是會攝取過多的熱量。以調理的方式而言，熱量由低至高依序為燙、蒸、烤、煮、煎、炒、炸。因此，基本上要以燙或蒸的菜為主。此外，調味料也有熱量。為避免添加過多，最好利用量匙計算用量。可以選用低熱量的美乃滋及無油醬料等。

只要用點心思，家常菜也可以變成安產食譜

雖然想要攝取豐富的營養，但是安產食譜的基本卻是要求低熱量、低鹽分。

不過，只要用點心思，也可以讓家常菜成為最佳的安產食譜。

用脫脂奶代替牛乳的焗菜（P・Ca・Fi）

【做白色醬汁】一杯水加入31／3大匙的脫脂奶粉，再加入二大匙麵粉、少許鹽和胡椒混合。用保鮮膜包住，放入微波爐中加熱三分鐘。中途取出三次攪拌。

①新鮮鱈魚用保鮮膜包住，放入微波爐中加熱一分鐘，肉略微撥散。

②洋蔥切碎，加入切成適當大小的蘑菇、香傘蕈和玉蕈，置於耐熱碗中，放入微波爐內加熱二分鐘。接著，加入①的鱈魚、煮熟的通心粉、白色醬汁。

③將②盛入烤盤中，撒上乳酪粉，放入烤箱中烤。端上桌之前，撒上荷蘭芹。

自製蔬菜泥（P・A・B・C・Fi）

①豬肉事先處理過，撒上白葡萄酒。

②洋蔥、胡蘿蔔、馬鈴薯略切，加入二杯高湯。煮軟之後，連湯一起放入攪拌器中攪拌成泥狀。

③茄子去蒂，切成半月形，泡在水中去除澀液。秋葵去蒂，斜切成半月形。

④鍋中加入一杯高湯，煮滾後再放入②和③，再煮一會兒。起鍋前用鹽、胡椒調味。

切碎的肝臟當成餃子的菜碼（P・A・B・C・Fe・Fi）

①肝臟泡在水中（水混濁時換水），斜切，煮過後切碎。

②高麗菜和韮菜切碎。

③絞肉放入大碗中，加入①、②和二大匙雞架子湯、一大匙酒、少許醬油和胡椒混合。分成十二等分，用餃子皮包餃子。

④煎鍋中加熱沙拉油，③放入鍋中，煎成金黃色後，加入1／4杯滾水，蓋上鍋蓋，做成煎餃。

P：蛋白質、A：維他命A、B：維他命B、C：維他命C、Ca：鈣、Fe：鐵、Fi：食物纖維

孕吐導致食慾不振時會對胎兒造成不良影響嗎？

孕吐很痛苦。不只是噁心，還會出現頭暈、頭痛等現象。不過，這些症狀對胎兒沒有影響。

為什麼懷孕會出現孕吐呢？這是因為自律神經失去了平衡，精神不安所引起的，亦即將腹中的胎兒視為異物而造成的過敏反應。主要是因為懷孕使得受精卵絨毛分泌促性腺激素所造成的。

孕吐的症狀

出現的症狀因人而異，各有不同。主要症狀包括噁心、嘔吐，尤其對於氣味非常敏感的人，甚至連聞到剛煮好的飯或牙膏的氣味都想吐。

此外，有人喜歡吃酸，有人則偏好清淡。有時會出現身體倦感、頭痛或頭暈等症狀。

孕吐的程度與期間

懷孕時不一定會出現孕吐的症狀，有的人完全不會出現孕吐。

此外，程度也因人而異，從輕微的噁心到無法攝取水分的嚴重情況都有。早則從第四週，晚則從第八週以後才開始。顛峰起約在第10週左右。一般來說，到了第15～16週時，痛苦的孕吐就會停止。

對胎兒的影響

很多人擔心孕吐導致食慾不振會對胎兒造成影響。事實上，這個時期的胎兒還小，會利用蓄積在母體內的營養而成長。因此，即使媽媽不吃東西，也不會影響胎兒。

不過，嚴重的孕吐會大幅消耗母體的體力，使得體重驟然減輕，這時必須立刻到婦產科接受檢查，並接受注射點滴等的治療。

緩和孕吐的方法為何？

孕吐主要是精神不安所引起的。
要積極的轉換心情，以開朗的態度迎接每一天。

積極轉換心情

懷孕的職業婦女經常會抱怨：「工作時因為緊張而不會孕吐，但是回家後卻出現嚴重的孕吐。」

換言之，孕吐受到來自精神面極大的影響。因此，不要胡思亂想，也不要過度依賴丈夫。依賴心會減弱自立心，加重孕吐的症狀。

此外，與其悶在家裡，不如走出戶外，呼吸新鮮的空氣，讓心情變得更開朗。總之，可以外出散步、購物、和三五好友聊聊天、積極面對工作或沈浸在興趣中，努力的轉換心情。

在飲食上運用巧思

一般來說，臭味強或太燙的食品容易引發噁心感，最好避免攝取這類飲食。酸性、清淡或冰涼的食品，較能夠增添食慾，即使攝取少量的刺激物也沒問題。隨時備妥可以配合個人喜好的食品，但是注意避免攝取過量，最好少量多餐。

Column

何謂不吃會孕吐？

「空腹時會產生噁心感，不吃東西就覺得不舒服」，這就是不吃會孕吐的意思。只要稍微有點餓就容易產生噁心感而頻頻進食，所以孕吐時期反而發胖。不過，孕吐只是暫時性的，不必擔心。等到孕吐期結束後，再好好的控制體重，避免體重增加過度即可。當然，最好還是選擇低熱量食品。

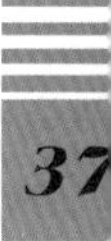

貧血時的飲食注意事項為何？

懷孕時要注意貧血的問題。
積極攝取富含鐵質的食品，做好生產的準備。

很多健康的人在懷孕時容易貧血。因為胎兒或子宮增大，導致流入體內的血液量急速增加，紅血球來不及增產，造成血液稀薄。

鐵質是製造紅血球中血紅蛋白的重要成分，是生成紅血球不可或缺的物質。然而，腹中的胎兒會優先攝取鐵質。因此，一旦體內缺乏鐵質，就會出現貧血症狀。

貧血所引起的問題

如果不是很嚴重，就不會對胎兒造成影響。不過，貧血會引發頭暈或起立性眩暈的現象。此外，生產時的出血量增多，則產後母體必須要花較長的時間才能復原，而且母乳的分泌不良。這些都是令人擔心的問題。

尤其是懷孕前就有貧血現象的人，愈到懷孕後期，症狀愈嚴重，必須注意。

有效的飲食

貧血的原因在於缺乏鐵質，所以，要大量攝取富含鐵質的食品。

含有鐵質的代表性食品是雞肝和豬肝。不愛吃或很少吃肝臟的人，則要多攝取蛋黃、瘦肉、蜆、羊栖菜、小魚乾。此外，芝麻、大豆、凍豆腐、菠菜等植物性食品所含的鐵，容易吸收不良，最好和維他命C、蛋白質一併攝取，才能提高在體內的吸收率。

無法利用飲食改善的貧血

有的人光靠食品補充鐵質還是不夠，必須在實行食物療法的同時服用錠劑。不過，要事先和婦產科醫師商量。

妊娠中毒症的飲食注意事項為何？

妊娠中毒症是併發高血壓、浮腫、蛋白尿等三種主要症狀的妊娠併發症。
用餐時，要多攝取優質蛋白質，避免攝取過多的鹽分。

容易引發妊娠中毒症的飲食生活

最需要注意的是，攝取過多的鹽分。不僅會促使血壓上升，同時會對腎臟造成負擔，成為浮腫的原因。此外，過胖也是大敵。嗜吃甜食或油膩食品的人要特別注意。

建議積極攝取的食品

動物性蛋白質中含有必須氨基酸，能夠輔助肝臟的功能，可以預防妊娠中毒症，應該積極攝取。

食品方面，如牛乳、脫脂奶粉、蛋、豆腐、肉類等的蛋白質都不錯。肉類當然要選擇脂肪較少的瘦肉部分。脂肪主要是靠植物性食品取得。蔬菜或海藻類富含鉀和鈣，有助於排泄體內多餘的鹽分。因此，最好均衡的攝取這些食品。

善用調味法

為避免口味過重，要在調味法上下工夫。①適當的添加芝麻、花生、核桃或黃豆粉等，可以增添風味，襯托食品原有的味道。②將醋或檸檬酌量用於生菜沙拉、油炸菜、烤魚或火鍋等料理上。③活用香菇、海帶、海帶芽、柴魚片等的鮮味。④添加少許的蔥、細香蔥、薑、紫蘇、蘘荷、山葵或咖哩粉等。⑤減少鹽量，盡量採取煮或燙等調理法。食用時，在表面淋上醬油即可。

Column

需要注意的食品

調理包食品、速食品和市售的零食等，含有大量的鹽分。此外，佃煮菜、醃漬菜、魚乾、煉製品等加工品都要注意。吃烏龍麵或麵線等麵類時，最好不喝湯。

●孕婦的鹽分攝取量標準為一天8g

泡麵（一包）5.7g

烏龍麵、麵線（包括麵湯在內一人份）5.0g

醃鹹黃蘿蔔（薄二片）1.5g

醃鹹梅（中一個）2.4g

料酒醃漬的秋刀魚乾（中1/2塊）2.0g

魚板（三塊）1.2g

檢查納入健康保險的範圍內嗎？

懷孕不是生病。

除非是宿疾或隨著懷孕而出現的問題等的檢查，否則每次都要付費。

孕婦檢查

懷孕不是生病，不適用健康保險。每次的檢查費用依設施的不同而有不同。在接受超音波檢查或特殊檢查時，價格會稍貴一些。

不過，因為腹部發脹等而使用藥用處方時，則適用健康保險。

異常分娩

懷孕本身異常而造成自然流產、葡萄胎、子宮外孕、早產或剖腹產等異常生產時，適用健康保險。

然而，依異常程度的不同，有時可以全部由健康保險給付，但有時則必須自行負擔部分的費用。

懷孕引起的併發症

需要治療的孕吐、貧血或妊娠中毒症等懷孕時所引起的異常或併發症，也適用健康保險。

此外，具有糖尿病、甲狀腺機能亢進症或癲癇等病歷的人，懷孕時必須經常做檢查或治療，所以，也納入健康保險的範疇。

何謂母子間血型不合？

以Rh式血型來看，母親為Rh（－），父親為Rh（＋），而胎兒為Rh（＋）時，則表示血型不合。

第一胎時對胎兒不會造成影響，但是第二胎之後，母親已經產生抗體，會破壞胎兒的紅血球，這時，就會導致貧血或重度的黃疸等症狀，甚至引起腦性小兒麻痺。不過，最近預防和治療法進步，所以，不必過於擔心。

產前要進行哪些檢查？

健康檢查可以確認母體的健康狀態與胎兒的成長狀態。
有助於早期發現問題，所以一定要接受健康檢查。

孕婦健康檢查的時間表

孕婦定期健康檢查的時間為，懷孕23週（六個月末）前每四週要做一次檢查，懷孕24～35週（七～九個月）的期間每二週做一次檢查，懷孕36週（十個月）後每週做一次檢查。

健康檢查的目的，在於進行懷孕時的母子健康管理，一旦早期發現伴隨懷孕出現的問題，即可早期治療。就算沒有異常狀態，也要接受健康檢查。

懷孕時要接受一次檢查的項目

之前提到的血液檢查是一定要做的。藉著調查血型，可以預防母子間血型不合的情況發生。萬一生產時需要輸血，也可以事先得知血型。在貧血的狀態下懷孕，容易疲倦，對母體會造成極大的負擔。此外，生產時可能會導致出血，藉此就可以事先改善。中期和後期也要接受檢查。另外，懷孕初期的感染中對胎兒影響較大的德國麻疹的抗體價或母子感染的危險等，都必須要檢查。

每次都要接受的檢查

①測量體重

②量血壓

③測量腹圍與子宮底長

④尿液檢查

⑤聽胎兒的心音

測量體重的目的是要檢查肥胖的程度，尿液檢查則是要調查蛋白與糖，而量血壓則有助於早期發現妊娠中毒症。其他還包括超音波檢查等，可以在懷孕初期，經由內診檢查子宮大小及卵巢有無異常。

Column

如何利用超音波進行診斷？

超音波檢查是將超音波發振器抵住腹部或插入陰道內，藉由畫像檢查子宮的情形和胎兒的發育及內臟等。

在胎兒還小的初期，可以使用能夠近距離觀察子宮內的經陰道超音波發振器。而抵住腹部的經腹部超音波發振器，通常從懷孕第14週開始使用。藉由超音波檢查可以掌握胎兒頭部的大小和發育的情況。

一般而言，畫像是使用黑白型的超音波。另外，還有為了觀察胎兒外表的畸形所使用的超音波，以及檢查血液循環是否正常的彩色超音波。

第4個月（12～15週）

懷孕的我，今後該怎麼做？

心情愉悅

正值孕吐最嚴重的時候。
胎盤已經完成，母親與胎兒
透過臍帶進行交流。
不必擔心流產問題，
孕吐也停止了，
同時逐漸進入穩定期。
胎兒的胸、腹部、骨盆發達。
從原先的前傾姿勢，
變成能夠伸直背部的姿勢，
可以活動手腳。
內臟下移，功能發達。
這個時期，可以利用多普勒超音波法，
從體外聽到胎兒的心音（胎音）。

15週末
身高16公分
體重120公克

※人偶的胎兒位於臀位。中期50～70％的胎兒都是臀位。事實上，最後都會自然的變成頭位。

是否準備返鄉生產？

因為是頭一胎，所以希望在令人安心的娘家生產、育兒。

打算返鄉生產的人要開始做準備了。

請醫師寫介紹信

返鄉生產要更換婦產科，所以，最好事先收集家鄉婦產科的相關資訊、分娩方法等，確認是否可以按照預想的情況生產。

另外，必須通知正在進行檢查的婦產科，同時在轉院時請醫師寫介紹信。

34週內做好準備

基本上，轉院要在懷孕34週（九個半月）前完成，而且要告訴醫師產前做過的檢查次數及之前懷孕時的經過情況，同時參加媽媽教室，儘快習慣新的婦產科。搭機返鄉的人，則必須在預產期的28～8天前請醫師開診斷書，同時簽下本人的切結書。

返鄉生產準備的物品

○住院所需的用品
母子健康手冊、印鑑、盥洗用具、前開式的睡衣、產褥褲、生產用的衛生棉、脫鞋
○育兒所需的用品
嬰兒服、調乳器具、尿布、乾淨棉花、嬰兒澡盆、水溫計、紗布手帕、嬰兒用體溫計
○其他
產婦束褲、揹帶、育兒書、喜歡的CD或書、丈夫的照片

預防懷孕中的問題

身體活動不自由，容易倦怠……。
懷孕時產生的不適，可以藉著運動轉換心情加以消除。

活動身體，使自己神清氣爽，但不可過於勉強，尤其是胎盤尚未完全成形的懷孕初期婦女，必須特別謹慎。疲勞或肚子發脹時，就要立刻中止運動。此外，懷孕時會受到荷爾蒙的影響，為了準備分娩，關節會變得較為柔軟，所以，要避免將體重加諸於關節上。要避免運動過度而造成勞累，而且運動後要補充水分，充分休息。

足腰的疲勞

伸直右腳，左腳稍微彎曲坐下。左腳腳底貼於右腳的腳踝上，上身前傾。肚子感覺不適

時，可以改成朝斜前方彎曲。左右反覆進行幾次。

○伸展大腿到臀部的肌肉，消除足腰的疲勞。

腳的浮腫

丈夫將孕婦仰躺時的腳跟往上抬，像鐘擺似的，朝左右大幅度擺盪。接著，再將腳朝上下小幅度擺盪。秘訣是孕婦要完全放鬆力量。

○促進下半身的血液循環，消除腳的浮腫。

頸部的酸痛或頭痛

閉上眼睛，輕鬆呼吸，以畫圓的方式慢慢的轉頭。頭往前傾時慢慢的吐氣。改變轉動的方向，反覆進行數次。

○放鬆因為壓力而酸痛的頸部，促進血液循環，減少頭痛。

抬臀

手扶住椅子或桌子，伸直背肌。在吐氣的同時，單腳盡量往上抬高。單腳做十次，共做二套。

○能夠使得因為脂肪而鬆弛的臀部擁有美麗的曲線。

背骨的疲勞

手腳趴在地上，背部自然放鬆。接著，拱起背部中央，腹部和臀部緊縮，頭下垂。慢慢放鬆背部的力量，回到原先的姿勢。

○舒展因為變大的子宮而受到壓迫的背骨，放鬆背部。

柔軟骨盆

挺直背肌盤腿坐，雙手置於肩上。手好像要觸摸天花板似的，單手朝上方用力伸直，然後放鬆力量。雙手交互做十次。

○這也是能夠張開骨盆的分娩姿勢的練習，藉著伸直能夠放鬆上半身。

自然流產

流產多半是沒有孕育胎兒的能力而造成的。

不過，也有事前成功預防的例子，所以，出現徵兆時要立刻接受治療。

自然流產是指腹中的胎兒無法成長而死亡，或是自然排出體外。

22週以後，胎兒在胎外還是可以勉強存活，變成早產兒的。流產幾乎都是自然流產，應該是身體已經不具備孕育胎兒的能力而造成的。

流產的訊息

好像生理痛似的，腹部疼痛或下腹部中央疼痛伴隨出血的症狀。即使沒有疼痛，但只要出現如生理期般的大量出血，就是流產的訊息。出現出血或粉紅色的分泌物，以及很明顯的與平時不同的疼痛時，就要立刻與醫師連絡。

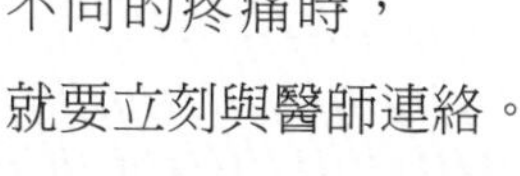

流產的種類與處置

即使是少量的出血或輕微下腹部痛的流產，還是可以分為能夠繼續懷孕的先兆流產，以及胎兒和胎盤已經從子宮剝落而無法繼續懷孕的緊迫流產。

先兆流產要靜養，必要時需要住院。

若是診斷為緊迫流產，則要做子宮內容物刮除術。

無法繼續懷孕的流產，依胎兒和胎盤排出的狀態，又可分為完全流產、不全流產和稽留流產。

子宮口張開的頸管無力症，則必須要利用手術進行防止流產的處置。

懷孕時的性行為會引起流產嗎？

基本上，性行為不會造成流產，但還是有幾點必須注意的事項，所以要下點工夫增進夫妻間的感情。

懷孕時，因為荷爾蒙或身體的變化，性慾可能會增強，或相反的，對性缺乏興趣。丈夫要抱持體諒的心情，夫妻好好的溝通，找尋放鬆精神的方法。

產後，孕婦約需在二～六個月的時間使身體復原，並調整對於性行為的情緒。在最穩定的懷孕中期，好好的享受與丈夫之間的性生活吧！

如果出現陰道充血不足的問題，則可以嘗試使用專為孕婦準備的潤滑液等市售品。

安心的時期

懷孕12週至31週為止，都是可以安心的進行性行為的時期。高潮所引起的腹部發脹，不會對胎兒造成傷害。在11週之前，受精卵剛著床，為防止流產，最好盡量減少性行為。32週之後，為避免破水或早產，也最好不要進行過度激烈的性行為。

安全的性行為

懷孕時容易出現陰道炎，一定要戴保險套。藉著淋浴的方式，洗淨身體和手後，再進行淺插入的安全性行為。懷孕時，

性器充血，十分脆弱。進行性行為時，若是出血或產生腹痛時，就要立刻停止。

建議的體位

如圖所示，避免深插入。花點工夫，採取不會壓迫到腹部的體位。

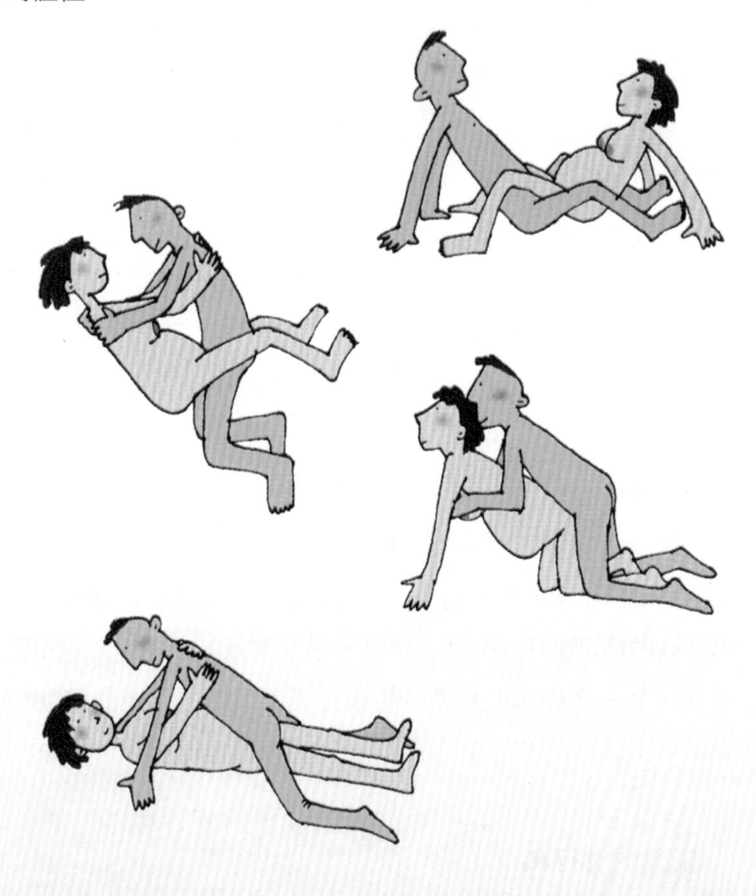

日本方面支援育兒的制度

雖然懷孕、生產都不納入醫療保險的範疇，
但是健康保險等福利制度並不少，應該積極運用。

生產育兒暫時準備金

可以向加入的健康保險公司申請生產及育兒費用。若是家庭主婦，則由丈夫的健康保險支付。加入國民健康保險的人，金額約日幣30～35萬圓。社會保險則稍微高些。

生產準備金

對象限任職一年以上的公司職員或公務員。因懷孕而請產假或離職時，只要在六個月內生產，都可以申請生產準備金。不過，超過六個月就喪失資格，所以要謹慎計算離職日，以防過了預產期而孩子仍未產下。申請的金額是扣除獎金後為月收入60%的98天份。已經離職而繼續參加保險的人也可以申請。

連絡卡

時差通勤或縮短工作時間等，凡是提出申請者，則可彈性調整通勤時間。根據男女雇用機會均等法的規定，確實適用。向公司提出說明者，可以請醫師寫傳達指導事項的聯絡卡（母性健康管理指導事項聯絡卡）。

保護在職孕婦的法律

勞動基準法
○產假
可申請產前休假六週、產後休假八週。
（多胎妊娠者，則為產前十四週、產後八週）
○配置轉換
工作繁重時，可請求調換其他業務。
○免除加班
超時工作、假日或深夜加班等，對孕婦有害的業務都可以免除。

男女雇用機會均等法
○裁員對策
生產、懷孕時，雇主不得依取得產前產後休假的理由將其解雇。
○產檢休假
懷孕時及產後三年內，可申請接受保健指導和健康檢查的休假。
必要時，還可變更工作時間或減輕工作量。

懷孕初期的Q&A

懷孕期間，日常生活中有一些必須注意的事項。
原本不知道但卻已經做過的事情，
若是懷孕經過順利就沒問題，但今後仍要特別注意。

完全不能喝酒嗎？

從第四週開始，胎兒會透過已經形成的胎盤經由母體吸收營養。酒精能夠通過胎盤，當然會被胎兒吸收。尤其二～四個月內，正值製造胎兒腦細胞和各器官的重要時期，所以最好避免喝酒。

咖啡也有影響，是否也要少喝呢？

只要不是一天喝數十杯，那麼，咖啡因不會對胎兒造成發育障礙。一天喝一～二杯沒問題。此外，紅茶和綠茶中也含有大量的咖啡因，要特別注意。麥茶和粗茶則不含咖啡因。

可以坐車或搭飛機嗎？

車輛或飛機的震動不會引起流產。不過，長時間通勤時，必須充分取得休息，減輕疲勞。另外，騎機車或自行車容易有碰撞、跌倒的危險，最好避免。

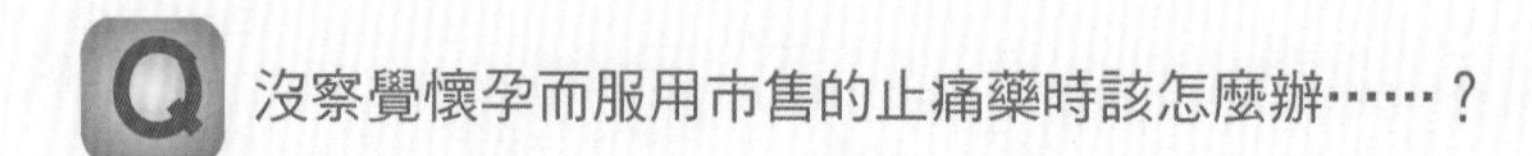

Q 沒察覺懷孕而服用市售的止痛藥時該怎麼辦……？

A 未滿四週服用的藥物，對於胎兒器官的形成沒有影響。事實上，只要遵守市售藥的用法和用量，而且是短期服用三～四天，並不會產生任何影響。因此，生病就醫時，一定要告知醫師自己懷孕，請醫師開正確的藥物處方。

Q 可以按照預定計畫做溫泉之旅嗎？

A 盡量選在進入穩定期的五～八個月外出旅行，懷孕初期出遊很危險。怕掃興的人，可以安排較悠閒的行程表，不要太勉強，尤其不可長時間泡溫泉。此外，即使是很多人一起泡溫泉，也不必擔心感染的問題。

第5個月(16～19週)

有點焦躁……
寶寶給媽媽的訊息

在腹中旋轉嗎？

媽媽的肚子開始隆起，
乳房變大，體重增加。
這時缺乏鐵質，
是媽媽容易貧血的時期。
胎兒在羊水中不停的活動，
有時會踢到子宮壁，
媽媽會產生「好奇怪啊」的感覺。
此外，全身開始長胎毛，
頭髮、眉毛、手腳的指甲也
都長出來了。
皮膚表面的細胞逐漸剝落。
新陳代謝旺盛的進行，
同時有皮下脂肪附著。

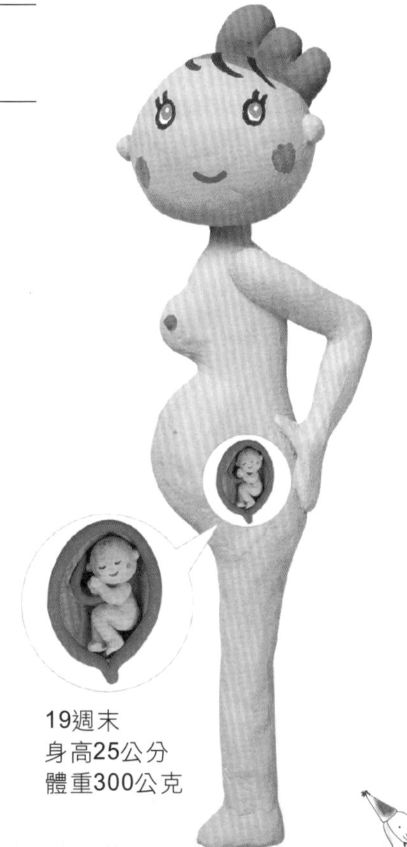

19週末
身高25公分
體重300公克

※人偶的胎兒位於臀位。中期50～70％的胎兒都是臀位。事實上，最後都會自然的變成頭位。

需要腹帶、孕婦束褲嗎？

以前為祈求安產，懷孕五個月的「戌曰」有裹腹帶的習慣，現在則是為了保溫和預防腰痛而使用。

腹帶（紗布）

自古流傳的岩田帶是用紗布做成的，期望寶寶像岩石般健康成長而裹腹帶。一匹紗布對半剪開對摺，然後單手放入中央將其反摺再繼續裹。配合腹部的大小，可自由調整鬆緊度。不過，缺點是每次都要沿著腹部裹上好幾圈，而且一旦裹法錯誤就容易脫落。

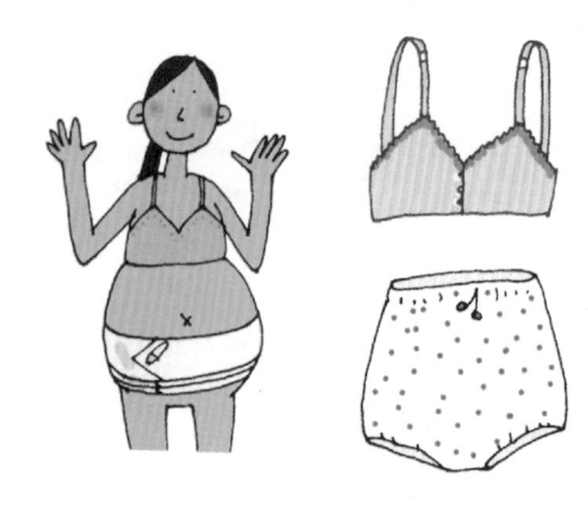

孕婦用品

◇胸罩

為做好哺乳的準備，乳房變大，穿過緊的胸罩，容易妨礙乳腺的發達，所以要配合乳房的大小，選擇柔軟的胸罩。此外，也可挑選能夠調節尺寸的胸罩。

◇內褲

選擇夏天涼爽、冬天溫暖的素材。最好能夠完全包住腹部，而且腰部的鬆緊帶可配合腹部的大小做適當的調整。

孕婦束褲

能夠彌補腹帶缺點的產前用孕婦束褲。可以配合腹部的大小選擇容易穿的尺寸。

護腰型

就像預防腰痛的護腰一樣，可以從下腹加以支撐的護腰型束帶。優點是可以輕鬆的穿脫。

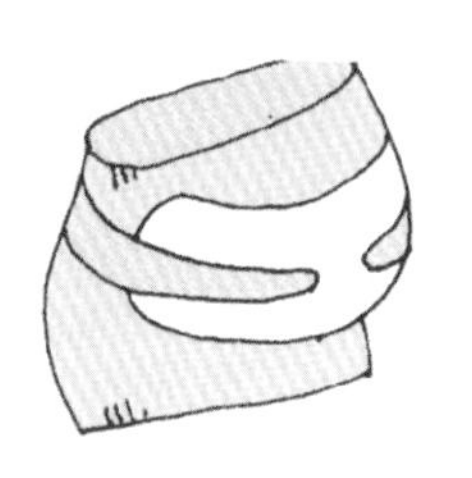

Column

腹帶具有醫學根據嗎？

醫學上主張裹腹帶並沒有特別的好處，反而認為腹部被腹帶捋緊，會使血液循環不良，皮膚容易發癢，最好不要裹腹帶。

然而，有的人卻認為可以從下方支撐腹部，讓腰部變得比較輕鬆，而且能夠保護腹部。因此，對於腹帶的看法因人而異，各有不同。夏天容易長痱子，不必裹腹帶，但冬天裹腹帶可以使腹部溫暖，可視個人的需求來使用。

是否應該護理乳頭？

為了使產後母乳分泌順暢，讓嬰兒容易吸吮母乳，懷孕期間就要好好的護理乳頭。

懷孕經過是否順利呢？

刺激乳頭，會使子宮收縮，所以必須是懷孕時沒問題、經過順利，才可以提前護理乳頭。

檢查乳頭的形狀

檢查自己的乳頭是否適合嬰兒吸吮。乳頭陷凹至乳暈中的凹陷乳頭，或是乳頭平坦的扁平乳頭，則嬰兒都很難吸吮。

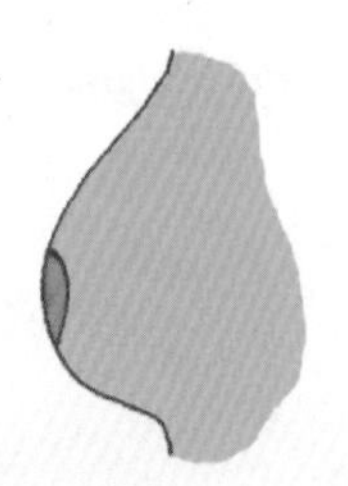

按摩乳頭

包括凹陷乳頭和扁平乳頭的人在內，嬰兒一天吸吮數次，所有的人都容易損傷乳頭。因此，雖然不是一定要進行的護理，但還是為各位介紹以下的按摩方法。

1. 單手扶住乳頭，用另一隻手的拇指、食指和中指三指夾住乳暈部到乳頭的部分。

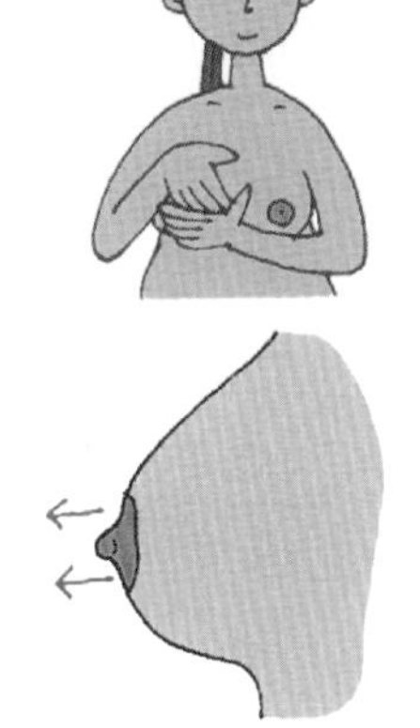

2. 三根手指好像捏住乳頭尖端似的，慢慢的壓迫。從乳頭到乳暈部緩緩的改變位置。

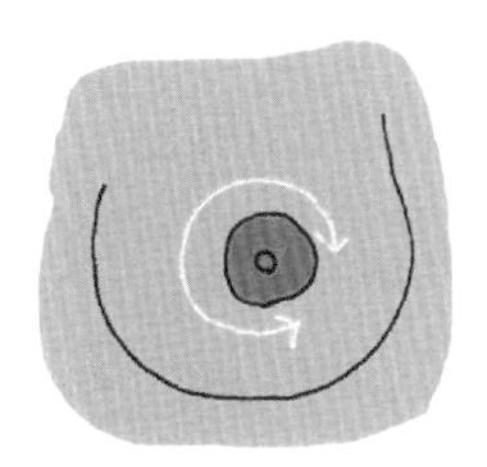

3. 接著，抓住乳頭往外拉，朝左右扭轉。

注意：腹部發脹時必須立刻停止。

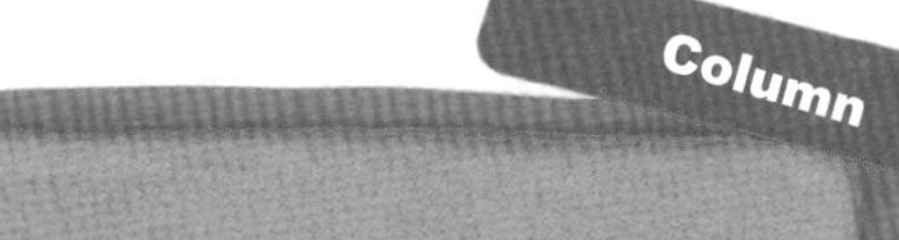

希望用母乳餵哺嬰兒時

希望用母乳餵哺嬰兒時，由於要經常授乳，所以，最好選擇有母子同房設施的婦產科。

事前要進行確認。

懷孕時的護膚、護髮方法

懷孕期間荷爾蒙平衡產生變化，容易掉髮，
而且可能會出現斑點、雀斑或肌膚和頭髮的問題。

保護肌膚免於出現斑點和雀斑

懷孕時因為荷爾蒙的作用，黑色素增加，很多人會出現斑點或雀斑。產後，荷爾蒙平衡恢復正常，斑點或雀斑自然就會消失。為預防肌膚發生問題，平時就要進行護膚。最好是保護肌膚免於受到紫外線的傷害。夏天外出時戴帽子或撐陽傘，冬天外出時則要塗抹預防紫外線的隔離霜。

皮膚異常發癢

懷孕時新陳代謝較平時旺盛，導致皮膚形成過敏狀態。此外，肝臟容易蓄積膽汁，會使皮膚出現發癢現象。最好每天泡澡或淋浴，保持肌膚清潔。癢得受不了時，則要就醫，請醫師開止癢軟膏處方。

經常護髮可以預防掉髮

很多人在懷孕時或產後容易掉髮，這可能是荷爾蒙平衡變化所造成的。

為避免產後為掉髮所苦，在懷孕時就要利用梳子或洗髮精等進行護髮。使用護髮劑也有效。

均衡的飲食是肌膚和頭髮的好幫手

為防止斑點和雀斑，必須要積極的攝取富含維他命C、B、優質蛋白質的飲食。營養均衡的飲食不僅能夠保護肌膚和頭髮，同時對於懷孕生活而言也很重要。

懷孕時可以做和不可以做的事

懷孕時有很多需要注意的事項。
不過，杞人憂天會導致壓力堆積。
在此就來確認可以做和不可以做的事。

 應該戒菸嗎？

A 就趁著懷孕時戒菸吧！抽菸的孕婦早產的機率偏高，而且容易生下體重過輕的嬰兒。這是經由調查結果證明的事實。無法戒除菸癮的人，最好減少抽菸量，一天抽五根以內。

可以喝酒嗎？

A 根據報告顯示，即使是少量飲酒，還是會對腹中的胎兒造成不良影響，最好能夠戒酒。因為交際應酬而必須喝酒時，只能喝一杯啤酒。

Q 可以吃辣的食物嗎？

辣的食物是香辛料造成的，少量無妨。不過，鹹辣的食物則要注意不可攝取過多的鹽分。

Q 可以參加合唱團或戲劇表演嗎？

A 為了轉換心情或消除壓力，當然很好，但是，要避免長時間久站唱歌的合唱團或過度激烈的生活。此外，最好遠離充斥菸味或空氣不良的劇場等場所。

可以熬夜嗎？

懷孕時容易嗜睡，因為熬夜而導致睡眠不足時，會變得更想睡……。為了在產後讓嬰兒過規律正常的生活，從現在開始就要改變成白天型的生活。

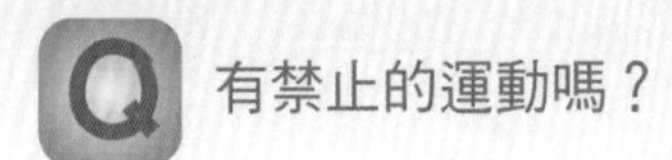

Q 有禁止的運動嗎？

A 基本上，像高爾夫球或網球等必須扭轉身體的運動，或易被球擊中以及容易跌倒的運動等都要嚴格禁止。在醫師的指導下，可以參加孕婦游泳等運動。

Q 可以開車嗎？

A 孕婦的反射神經功能降低，最好不要開車。不得不開車的人，則要縮短駕駛時間，而且要小心謹慎的開車。

Q 可以騎自行車嗎？

A 令人擔心的是震動和跌倒的問題。懷孕後期，肚子大了之後，最好避免騎車。為消除運動不足的問題，要盡量多走路。

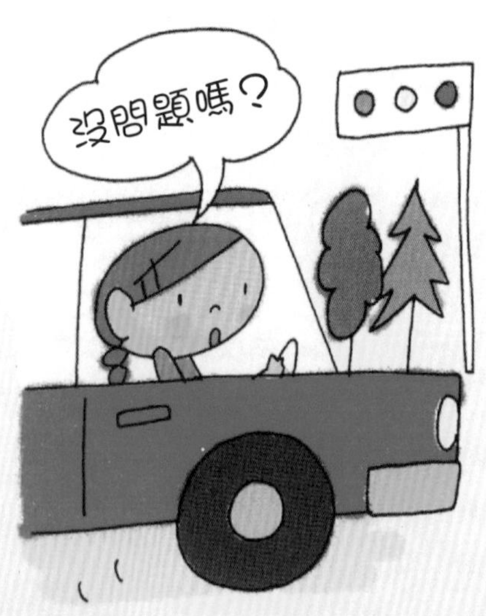

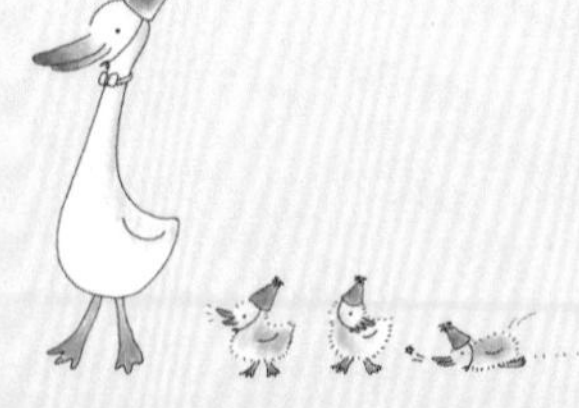

可以坐在電腦前嗎？

Oa機器等的電磁波對母體所造成的影響，目前尚無法掌握。如果電腦的電磁波在安全基準以下，那就沒有問題，但要避免長時間使用。擔心的人，可以穿防止電磁波的圍裙。

可以養寵物嗎？

被當成家裡一份子的寵物，不可因為自己懷孕就對其置之不理。但是，不宜以口餵食或用手處理其糞便。

有蛀牙時應該要立刻治療嗎？

X光或藥物會造成不良的影響，所以，必須要事先告訴牙醫師自己已經懷孕的事。產後可能無法看門診，不妨趁這個機會接受治療。

可以搬家嗎？

令人擔心的是抬重物或久站的問題。最好是請從打包行李至解開行李、家具的配置等都一手包辦的搬家公司來處理。

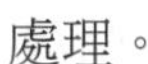

第6個月（20～23週）

又在亂動了嗎？
生氣了喔……
啊，敲到你了

胎兒發出「我很有元氣」的訊息

媽媽的腹部逐漸隆起，變得更像孕婦。
活動十分吃力，
此外，乳頭會流出淡淡的乳汁。
好像在溫水游泳池般溫暖的羊水中，
快樂的活動變得愈來愈旺盛。
連母親都可以感覺到胎動。
雖然是還滿佈皺紋的胎兒，
但是皮脂的分泌旺盛，身體的表面
已經開始附著脂肪。另外，會吞吐羊水。
一部分由胃腸吸收，一部分混入血液中。
透過胎盤進入母胎的血液，
再次回到胎兒的腎臟，製造尿
液，再從膀胱通過尿道，
排泄到羊水中，展開了體內的循環。

23週末
身高30公分
體重650公克

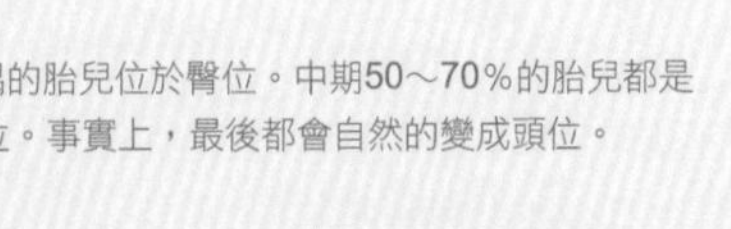

※人偶的胎兒位於臀位。中期50～70%的胎兒都是臀位。事實上，最後都會自然的變成頭位。

媽媽教室有什麼活動？

各地區的保健中心、衛生所或醫院會主辦媽媽教室。
由專家簡單的教導大家關於懷孕和生產的知識。

可以得到懷孕期間生活中的必要知識

因自治體或醫院的不同而有不同。可以由醫師、助產士、保健師、營養師或牙醫等各領域的專家，分幾次教導孕婦懷孕或生產所需的正確知識及建議。

老祖母也可以參加媽媽教室嗎？

很多人會請娘家的母親照顧新生的嬰兒，但是，最近的育兒方法和以往不同，許多老祖母都喪失自信。所以，有的單位會以即將成為老祖母的人為對象，根據現代的醫學開設講座，簡單明瞭的解說育兒方法。

育兒實習讓人更快進入狀況

孕婦體操、生產時的輔助動作、呼吸法或嬰兒的沐浴等，實際活動手和身體進行實習，讓人更容易了解。

是認識同社區的人的好機會

地區的衛生所或保健中心所主辦的媽媽教室，是認識同社區的人的好機會。帶孩子到公園遊玩時，這些人都是絕佳的好夥伴。

觀摩生產醫院的設備

部分醫院的媽媽教室，有舉辦分娩室或病房等的設備觀摩教學。可以事先觀察自己即將面臨的生產環境，消除不安的心理。

爸爸教室或父母教室

有的醫院規定，如果父親要參與分娩過程，則必須要參加父母教室。有的醫院則以父親為對象，開設講座，教導懷孕生產的構造及嬰兒的沐浴等照顧方法。

如何享受孕婦生活？

身體出現變化，會變得懶洋洋的，無法隨心所欲的活動，壓力不斷的堆積。以下就教導享受快樂孕婦生活的秘訣。

散步有益健康

在寶寶尚未出生之前，可以配合孕婦的步調，漫步在商店街，也許會發現以前從未注意過的風景。

一邊散步，一邊比較哪一家的嬰兒用品便宜。

聽音樂放鬆心情

聆聽令人感覺舒服的音樂，不僅是為了胎教，同時也可以放鬆身心。

近年來，胎教音樂十分盛行。母親擁有好的心情，就能將足夠的氧和營養送達胎兒處。因此，孕婦最好多聽一些能夠穩定情緒的音樂，盡量放鬆心情。

利用網路收集訊息

懷孕時，有充分的時間可以從網路上收集生產或育兒等知識。只要在網路上打「生產」、「育兒」、「媽媽網站」等關鍵字，就能夠搜尋到各種資訊。此外，也可以透過網路，和擁有相同煩惱的孕婦聊天。

利用空閒外出旅行

產後可能有很長的一段時間不能外出，所以，夫妻可以趁著情況穩定的懷孕中期出外旅行。不過，要避免長距離或緊湊的行程。

如何照顧雙胞胎、多胞胎？

由於不孕治療的技術進步，所以多胎妊娠的機會增加了。以下介紹雙胞胎或多胞胎的懷孕生產注意事項。

第六～七週時得知是雙胞胎或多胞胎

最近，因為超音波檢查的普及，在懷孕第六～七週時，就可以知道是雙胞胎或多胎妊娠。不過，當超音波畫像中出現一個胎芽隱藏在另一個胎芽後面時，則必須要再過一段時間之後才能確認。

注意早產與妊娠中毒症

貧血、先兆早產、早產、羊水過多症等，懷孕時可能會發生這些問題，而且腹部比一般的孕婦更大，所以，也容易出現肚子發脹、浮腫、腰痛、心悸、呼吸困難等現象。依症狀的不同，有的醫院會建議懷孕30週左右的孕婦住院。

三人中有二人要進行剖腹產

雙胞胎、多胞胎，尤其是三胞胎以上時，多半會進行剖腹產。不過，懷孕經過順利的雙胞胎，只要先生下的胎兒的頭部朝下，那麼也可以經陰道分娩。

嬰兒出生後比較辛苦

如果是雙胞胎，則生下來的孩子通常比較小，可能必須放入保溫箱中。自己一個人照顧非常辛苦，最好事先安排產後請人幫忙。

可以委託雙胞胎母親的育兒團體，或是透過網路和擁有雙胞胎的母親交流，收集資訊。有的單位甚至有支援雙胞胎、多胞胎的育兒工作。

Column

單卵性和雙卵性有何不同？

單卵性是指一個受精卵分裂為二。因為基因相同，所以性別相同。臉型和體型一模一樣。

雙卵性則是同時排出二個卵子，與不同的精子受精，性別和血型可能不同。

此外，三胞胎、四胞胎等多胎兒，多半是使用排卵誘發劑造成懷孕，因此，一次會排出多個卵子，各卵子與不同的精子受精而懷孕。

第7個月（24～27週）

非常沈重！
腰痛
腳抽筋……

媽媽，加油喔！

這時，腹部逐漸隆起，
身體變得愈來愈沈重，
背部和腰部疼痛，出現痔瘡等，
媽媽的煩惱不斷的增加。
下半身的血管受到壓迫，
也會出現靜脈瘤。
胎兒的臉還是皺巴巴的，
但已經看得出上下眼瞼，鼻孔也通了。
頭腦發達，可以控制身體。
身體碰到子宮壁時，會改變
方向。
這個時期，維持生存最
小限度的機能中，
約有六成已經形成。
脊髓、心臟、肝臟急速發育，
肺、胃腸、腎臟緩慢成長。

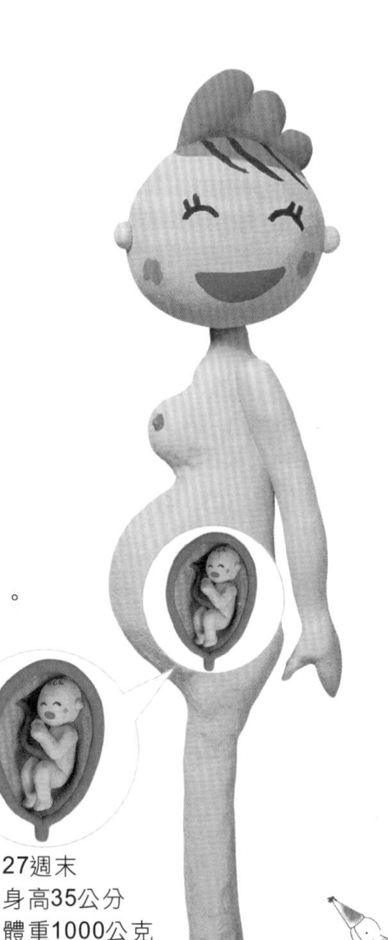

27週末
身高35公分
體重1000公克

※人偶的胎兒位於臀位。中期50～70%的胎兒都是臀位。
事實上，最後都會自然的變成頭位。

生產的過程是如何進行的？

提到生產，大家直覺會聯想到好痛苦啊，感到不安。
然而，只要事先了解生產的過程，
就可以消除不安。

何謂生產的「徵兆」？

昔日，分泌物中摻雜血絲時，被視為「生產的徵兆」，表示預產期將近。但是，出現生產的徵兆，並不表示立刻就會生產。事實上，很多人是出現陣痛或破水後才開始生產。甚至有的人沒有出現任何徵兆就開始生產。即將生產的訊息整理如下。

- 胎兒下降，胃部感覺輕鬆
- 分泌物增加
- 肚子不時的覺得發脹

如何分辨摻雜血液的分泌物和出血？

摻雜血液的分泌物是血性的分泌物，與出血相比，顏色較淡，呈現粉紅色，或相反的，呈現深茶褐色至黑紅色，形成黏液狀。

出血則是鮮血，有時會摻雜著血塊。出血量較多時，必須立刻就醫。

這是陣痛嗎？

頻頻出現肚子發脹的現象，可能是輕微的子宮收縮，表示即將進入生產準備階段的訊息。肚子發脹的間隔縮短，初產時約為間隔十分鐘的規律，這就是真正的陣痛，要立刻和醫院連絡。

生產的經過為何？

生產的三大要素

首先是娩出力。亦即陣痛和孕婦的用力。其次是產道，即是讓嬰兒通過的道路。包括骨產道和輔助骨產道的軟產道。骨產道整個擴張，而軟產道的肌肉柔軟、拉長，協助嬰兒娩出。最後則是讓嬰兒的身體方向旋轉而順利產下的力量。

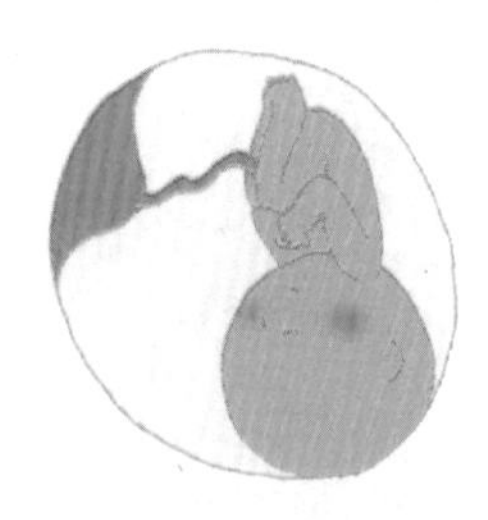

接近生產時，會形成較重的頭朝下的姿勢（頭位）。

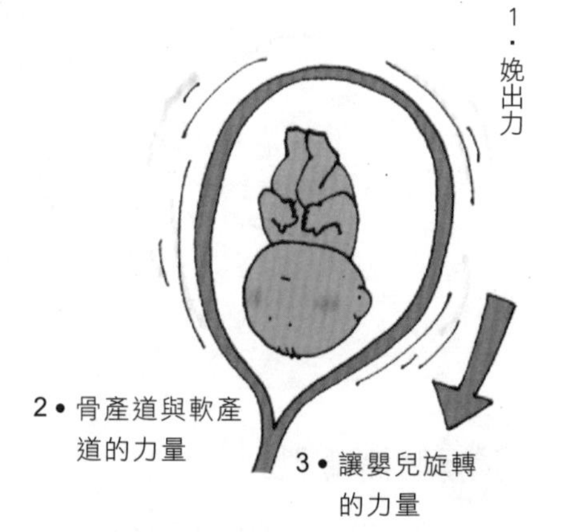

分娩第一期所需的時間？

分娩第一期是指開始陣痛到子宮口全開到10公分為止的時期。住院後在陣痛室度過。通常初產要花10～15個小時。由於生產時間很長，所以，要保持輕鬆的姿勢和呼吸，同時嘗試按摩等。

Column

破水的感覺如何？

子宮口全開後破水的例子較多，但是，也有人在出現陣痛之前就破水。感覺好像溫熱的水持續流出，其量因人而異，各有不同。破水時要立刻住院。

何時進入分娩室？

子宮口全開到生下嬰兒為止，是分娩第二期。從陣痛室移到分娩室，躺在分娩檯上，娩出力發揮至最大，就像真正的生產一樣，要遵照助產士或醫師的指示。

嬰兒誕生了，接下來該怎麼辦？

等待許久，終於可以和嬰兒見面了。不久之後，胎盤也從子宮中排出。這個期間稱為分娩第三期，通常需要花五～二十分鐘。

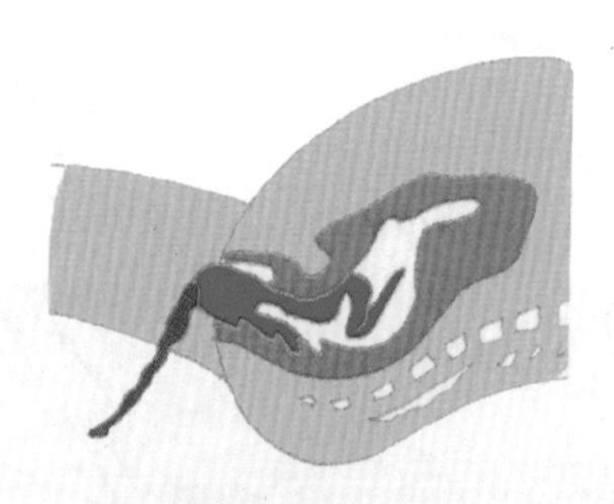

產後子宮急速收縮，
胎盤剝落、排出。

一定要切開會陰嗎？

分娩時會進行切開會陰等各種醫學處置。
最好事先向醫師確認到底會做哪些處理。

會陰的伸展情況不良時必須切開會陰

陰道出口與肛門之間的部分稱為會陰。原則上不必切開，但是，出現嚴重的撕裂或需要緊急取出嬰兒時，就必須利用醫療用剪刀剪開，讓嬰兒較易產出。這就是切開會陰的處置。只要會陰可以充分伸展，就不必切開。不過，萬一會陰的伸展情況不良時，這就是必要的處置。

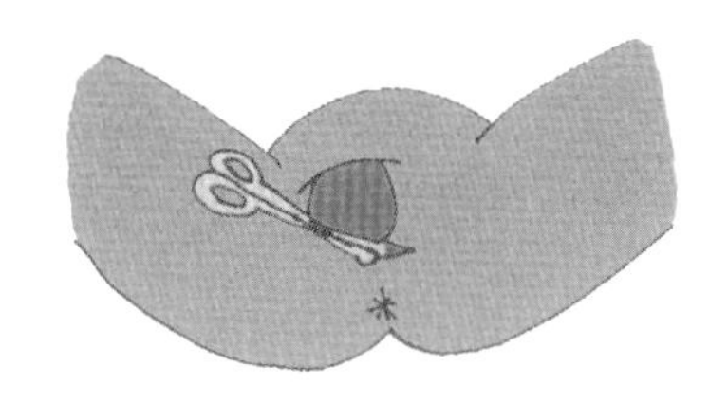

切開時需要麻醉嗎？

通常會使用麻醉，但是，陣痛強烈時，即使不麻醉也不會感覺到疼痛。有的人甚至認為縫合傷口比切開更痛。因人而異，每個人對於疼痛的感覺都不相同。

傷口的疼痛會持續一段時間嗎？

到底是使用能夠自行溶解的線或需要拆線的線縫合會陰的傷口，因醫院和醫師的不同而有不同。通常傷口會疼痛二、三天，尤其坐下時很辛苦。建議利用圓形坐墊以避免對傷口造成直接的負擔。

其他的醫學處置

●有時需要安裝「分娩監視裝置」

為監視陣痛強度和胎兒的心跳次數是否異常時，必須使用分娩監視裝置。將機器的端子抵住腹部，用皮帶固定。

●有時需要灌腸或導尿

腸內積存糞便時需要灌腸，通常在住院時就會進行。

此外，膀胱積存尿液時，膀胱膨脹，胎兒很難下降。所以，無法自行排尿時，則要將導尿管插入尿道，進行導尿。通常在上了分娩檯之後，就會進行這種處置。

何時必須進行剖腹產？

即使懷孕經過順利而開始生產，
但是基於以下的理由，有時還是需要進行剖腹產。

何謂很難自然分娩？

有的人在產前就會事先選擇剖腹產，稱為「預定剖腹產」。

例如腳先出來的臀位、嬰兒頭部過大而無法通過骨盆，或胎盤堵住子宮入口的（前置胎盤）情況，都必須要進行剖腹產。

此外，擁有心臟病等毛病或無法承受生產時的負擔，則醫師也會建議選擇剖腹產。總之，要在經過主治醫師詳細解說孕婦同意之後，才可以進行剖腹產。

●胎盤的位置

正常位置胎盤

中央前置胎盤

部分前置胎盤

邊緣前置胎盤

生產中途動手術嗎？

開始出現陣痛後，先送入分娩室。不過，突然發生問題時，也可能立刻更換為動手術。例如，生產時胎兒狀況不良、胎盤剝落、胎兒不能旋轉或子宮口無法張開等情況，都必須要立刻動手術。

何謂鉗子分娩、吸引分娩?

嬰兒通過產道卻無法產下時，則要使用鉗子或吸引杯拉出嬰兒。利用鉗子這種金屬製的夾子夾住嬰兒的頭，將其拉出。

吸引分娩則是吸引杯抵住嬰兒的頭，將嬰兒吸出。

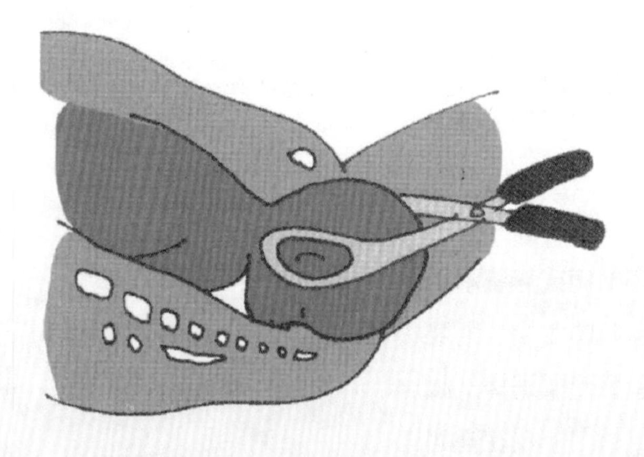

懷孕中期的Q&A

進入穩定期，感覺到胎動，同時
可能會遭遇某些問題，令人擔心的事情很多。
以下就解答這方面的疑問。

腹部出現如蚯蚓般的線，是妊娠紋嗎？

A 腹部、大腿或臀部等脂肪較厚的部分，因為皮膚龜裂而形成妊娠紋。腹部變大，脂肪增加，真皮趕不上這種速度，結果產生龜裂。

預防的方法是避免突然過度變胖或防止皮膚乾燥。可以使用市售預防妊娠紋的乳液、塗抹保溼霜或用手按摩腹部，促進血液循環，就能夠預防妊娠紋。

Q 最初的胎動是什麼樣的感覺呢？

A 快則從懷孕的第五個月，而大部分的人則是從第六個月開始就會感覺肚子裡的胎兒在動。最初感覺肚子裡的水或腸在移動。隨著懷孕時期的增加，透過腹部，可以清楚的感受到胎動。尤其當胎兒的腳踢出時，從腹部外就能夠看到胎兒的動作。胎動的感覺因人而異，各有不同。有的人可能過於忙碌而沒有察覺到最初的胎動。

Q 經由健康檢查診斷出「貧血」時該怎麼辦？

A 胎兒或子宮增大，血液量增加，紅血球趕不上血液增加的速度，無法大量增產，結果就容易引起貧血。一旦貧血，則生產時出血量會增多，產後復原情況不良，母乳的分泌不順暢。所以，必須積極的攝取富含鐵質的食物，一直持續到生產為止。

◇富含鐵質的食物

菠菜、小油菜、豬肝和雞肝、羊栖菜、牡蠣、凍豆腐

Q 護士告誡我必須嚴格管理體重，體重不能增加嗎？

A 懷孕時體重的增加最好控制在十公斤以內。其中包括胎兒的體重三公斤、胎盤和羊水各一公斤、乳房增大和血液增加約二公斤、脂肪三公斤，總計為「十公斤」。體重增加過多，會對孕婦的心臟造成負擔，血壓容易上升，同時併發妊

娠中毒症或糖尿病等的機率偏高。此外，產道附著脂肪時，容易造成難產。

懷孕中期，孕吐停止之後，食慾大增。若是十年前，基於「一人吃兩人補」的觀念，周遭的人會建議你多吃一點。然而，現在和以往的觀念不同，高熱量的食物充斥，為避免懷孕時和生產時發生問題，平時的體重管理非常重要。每週量一次體重，盡量不要開車或騎自行車，多走路，少吃甜食，過規律正常的飲食生活，才是安產的捷徑。

 為什麼睡覺時腳容易抽筋呢？

A 為支撐隆起的腹部，腳的負擔增加，導致腳的血液循環不良。再加上運動不足，所以，腳容易抽筋。必須按摩腳，促進血液循環，或是藉著散步和孕婦運動消除運動不足的問題。同時要攝取足夠的鈣質。

醫師診斷為「臀位」時該如何矯正？

懷孕中期，半數以上的胎兒都是臀位，等到頭部逐漸變重後，就會形成穩定的頭朝下的姿勢。然而，有時到了懷孕後期，還是會形成頭朝上或朝向側面的情況。事實上，即使是臀位，在預產期之前都會自然矯正。因此，實際維持臀位狀態產下的嬰兒，只佔五～三%。

在醫師的指導下，可以藉著將臀部抬高的「胸膝位」等體操來矯正臀位。也可以利用針灸進行矯正，不過，要事先和醫師商量。

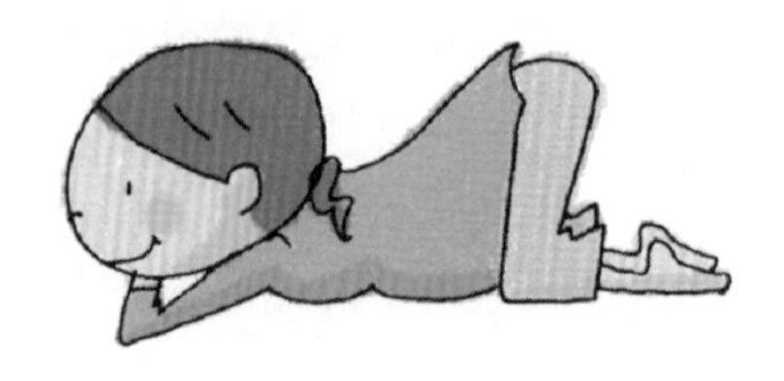

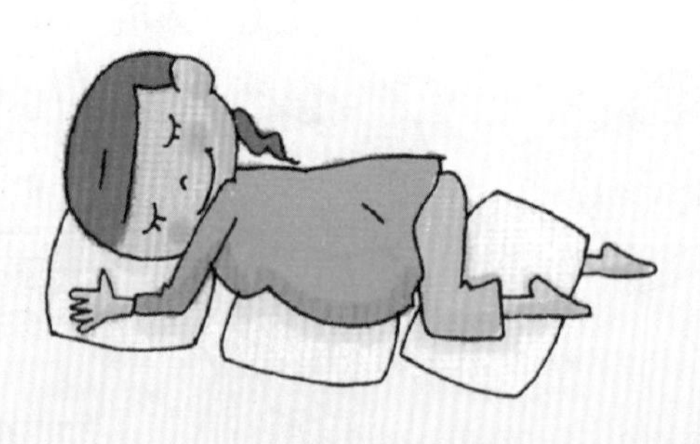

第8個月（28～31週）

與肚子裡的寶寶
順利的溝通……
但是，好重啊

做好的準備
隨時住院

肚子裡的胎兒愈來愈大了，
出現心悸和呼吸困難的現象，呈現後仰的姿勢，
很多媽媽開始覺得腰痛。
腹部和乳房突然變大，
出現妊娠紋。
這也是容易出現
妊娠中毒症、膀胱炎、腎盂炎、早產等的時期。
胎兒的肌肉、神經明顯的發達，
踢肚子的力量增強。
聽覺完成，對外界較大的聲音會產生反應。
這時，皮下脂肪附著，
皺紋減少，成為如嬰兒般的體型。

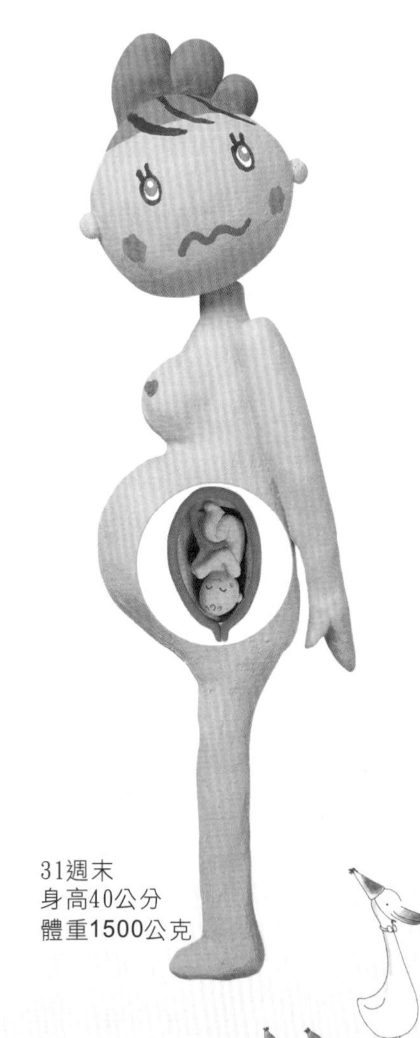

31週末
身高40公分
體重1500公克

有備無患

不知何時會生產，一旦進入懷孕後期，
就要做好住院的準備。視各階段的需要準備妥當。

向醫院確認應該準備的物品

有的醫院備有「生產組合」，包括產褥墊和洗淨棉等消耗品。此外，住院的衣物、睡袍、拖鞋和盥洗用具等都已經備妥。為避免浪費，要仔細閱讀醫院的手冊。確認之後，再開始準備住院用品。

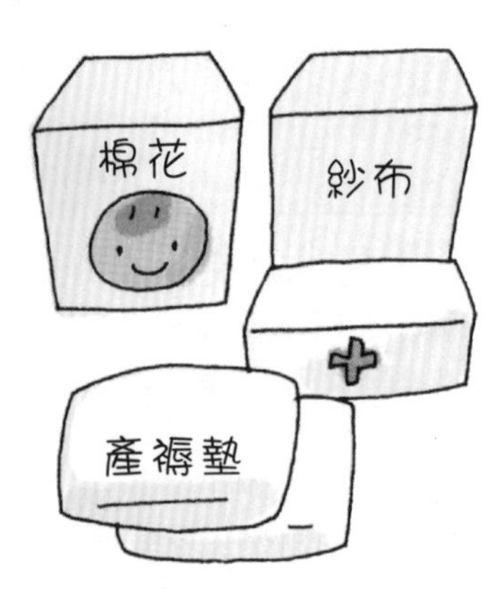

準備緊急時最低限度需要的物品

何時生產很難預知，外出時，最好準備立刻就可以住院的物品並隨身攜帶。住院和出院時所需的物品要分開包裝，放在固定的位置以便拿取。

準備能夠幫助你度過陣痛的物品

產後所需的物品可以請家人帶來，但是，最容易被疏忽的，就是開始陣痛到生產為止所需的物品。

例如，解說呼吸法或輔助動作方法的書籍、耳機或隨身聽等。有的人會選擇聆聽令人安心的曲子度過陣痛的時間。在進行呼吸法時容易口渴，可以事先準備水壺或盒裝果汁等。

如何進行輔助動作和呼吸法？

疼痛時身體僵硬，無法順利生產。為度過陣痛的期間，要尋找能夠讓自己放鬆的方法，善用輔助動作和呼吸法以熬過這段時間。

第1階段

陣痛間隔為5～10分鐘。自然呼吸即可

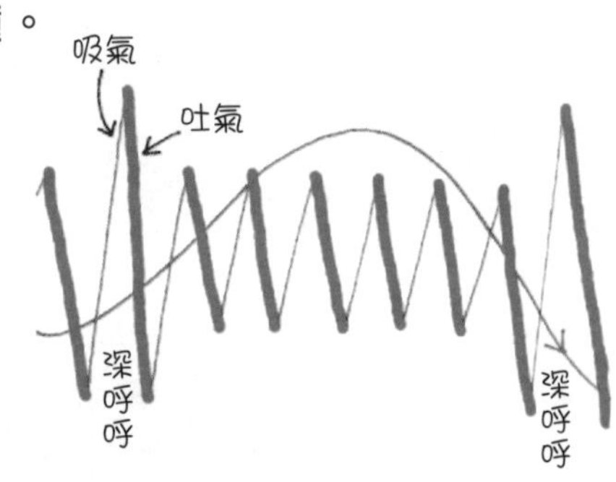

這個階段的疼痛因人而異，有的人根本沒有感覺。太快進行呼吸法，反而容易疲累。無法忍受疼痛的人，可以做深呼吸。疼痛開始時，從鼻子用力吸一口氣，再由口中慢慢的吐氣，進行深呼吸。疼痛結束時，再做一次深呼吸。

第2階段

陣痛間隔為5～6分鐘。開始進行呼吸法

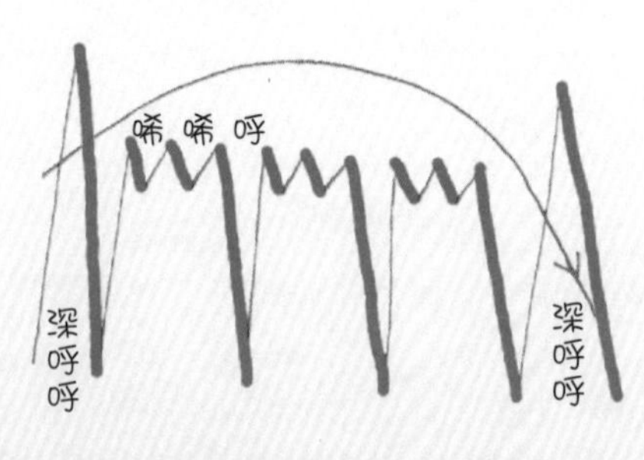

進行深呼吸之後，接著就要開始進行「唏、唏、呼－－」的呼吸法。做完深呼吸之後，連續進行二次「唏」的短暫吐氣，然後「吐」的長長吐氣，當成一次呼吸。陣痛時，慢慢的反覆進行。

第3階段

陣痛間隔為2～3分鐘。疼痛的顛峰期

疼痛愈來愈強烈，陣痛間隔的時間縮短。有的人真的很想用力，但在子宮口全開之前，不要藉著呼吸法用力，在「唏、唏、呼—」的呼吸之後，從鼻子「嗯」的吐氣，同時肚子用力。

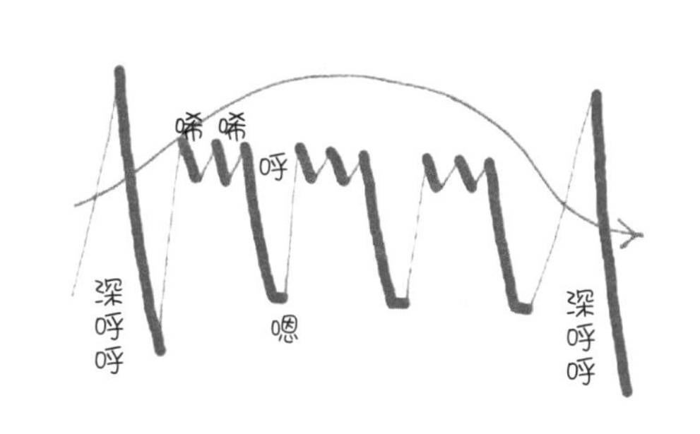

第4階段

陣痛間隔為1～2分鐘。終於可以看到嬰兒了

子宮口全開，移動到分娩室，躺到上分娩檯上。這時，從鼻子吸氣、從口吐氣的深呼吸反覆進行二次。在疼痛到達顛峰時停止呼吸用力，疼痛停止時，再次用力深呼吸。等到能夠看到嬰兒的頭部時，停止用力，變成「哈、哈、哈」淺促的吐氣。這時如果用力，

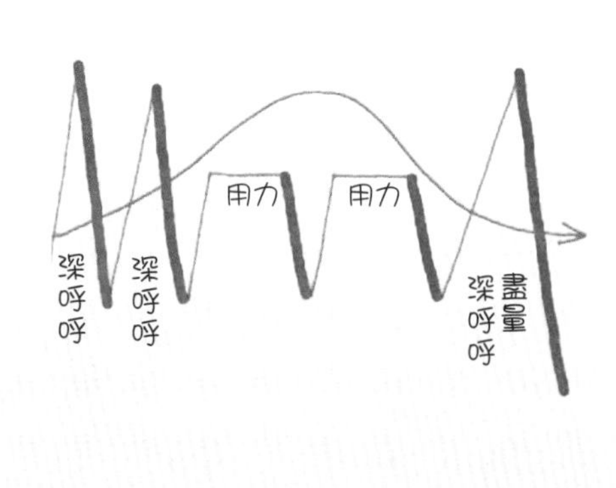

會陰會撕裂，所以只要遵照醫師、助產士或護士的指示，就能夠順利的生產。

Column

輔助動作——找出讓自己度過疼痛的適合姿勢

住院時，維持躺在床上睡覺的姿勢，會對腰部造成壓迫，反而會增強疼痛。有的人可能認為站著、盤腿坐、坐在床上或椅子上，更能減輕疼痛。總之，要記住能夠讓自己度過疼痛時間的姿勢。陣痛時，要利用適合自己的姿勢度過疼痛時間。

第9個月（32～35週）

真的好重啊
快樂的等待著
我和寶寶的相會……

胎兒也做好了生產準備

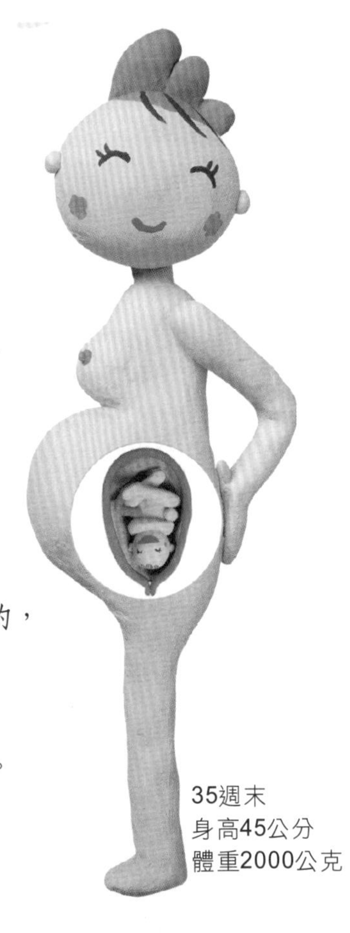

35週末
身高45公分
體重2000公克

被變大的胎兒往上推，
子宮到達心窩附近，
無法進食，
呼吸困難。
在這個時期結束時，胎兒變成圓滾滾的，
形成具有彈性的粉紅色皮膚。
除了肩膀和臀部以外的部分，
胎毛和脂肪去除，指甲已經長到指尖。
頭髮長了二公分左右。
如果是男孩，腹腔內的睪丸已經下降
到陰囊中。
內臟各器官、神經、肺功能、體溫調節功能、
吸引功能等都完全成熟。
能夠生存的構造已經發育完成。

嬰兒保姆和產褥保姆

如果丈夫或娘家的母親、朋友無法於產後的靜養時期待在身邊幫忙，則可以請嬰兒保姆或產褥保姆協助。

首先要取得丈夫的協助

平時忙於工作經常晚歸的丈夫，必須儘早回家。回家時，順便購買需要的物品，協助產後的妻子。所以事先要和丈夫商量。如果還是力不從心，則可以借助保姆或幫傭等專業人員，避免一個人操勞過度。

代替娘家母親的產褥保姆

出院後，身體尚未完全復原，但卻要忙著餵奶、換尿布、為寶寶洗澡，不習慣的育兒工作等待著自己。這時最好有娘家的母親或朋友協助，否則就得在產褥期請產褥保姆代替母親照顧嬰兒。能夠提供嬰兒保姆的公司，通常也有產褥保姆的服務，可以事先洽詢。

雇請幫傭協助家務

在專心照顧嬰兒之餘，洗衣、打掃、準備三餐等家務還是得做。這時，可以雇用幫傭。嬰兒保姆主要是照顧嬰兒，產褥保姆則因各公司的不同，有時甚至可以一手包辦所有的家務。因此，最好事先確認其工作內容。

不能外出時可利用宅配或郵購

剛出生的嬰兒沒有抵抗力，通常在第一個月健康檢查之前要避免外出。像食品、日用品或嬰兒用品等，可以利用各種宅配服務或採取型錄購物、電視購物、網路購物等購物方式。

選擇返鄉生產的人何時應該返家？

考慮到產後的問題，最好家中事先做好萬全的準備。
如果在即將生產之前仍未返鄉時，那就令人擔心了。

最慢在預產期的一個月前就要返鄉

懷孕經過順利的人，在懷孕九個月時就要返鄉。若是雙胞胎、多胞胎及有問題的人，就更要儘早返鄉。此外，返鄉前必須接受檢查，詢問醫師返鄉的注意事項。

請主治醫師寫介紹信

返鄉後，要立刻到預定生產的醫院接受健康檢查，而且最好請原先就診的醫院醫師，撰寫包括懷孕經過在內的介紹信，這樣才能順利的轉院。最好在返鄉之前到家鄉的醫院做一次健康檢查。

選擇不會對母體造成負擔的交通工具

如果路途遙遠，則與其搭車，不如坐飛機或利用高速鐵路，才能縮短移動的時間，減輕對母體造成的負擔。

選擇坐飛機的人，則根據航空公司的孕婦搭乘規定，在預產期第28～8天前，必須攜帶醫師的診斷書和本人的切結書，而若是在預產期的一週前，則要攜帶診斷書、切結書及醫師的陪同才能搭乘。因此，最好在預產期的一個月前就返鄉。

開車返鄉可以攜帶很多的行李，但是必須在中途取得充分的休息。

不在家時記得做好家中的準備

結束生產後，要在嬰兒做完第一個月的健康檢查後才能返家。由於家中有剛出生的嬰兒，所以，無法隨心所欲的活動。為了能夠立刻照顧好嬰兒，因此，要事先備妥嬰兒的活動空

Column

準備嬰兒活動空間

一定要為剛出生的嬰兒準備好舒適的活動環境。可以在房間的角落擺嬰兒床或嬰兒寢具，製造出嬰兒專屬的活動空間。盡量選擇通風良好、避免陽光直射或空調出風口處，尤其要在母親的視線範圍內。周圍隨時放置尿布、嬰兒柔溼巾或更換的衣物等嬰兒用品。

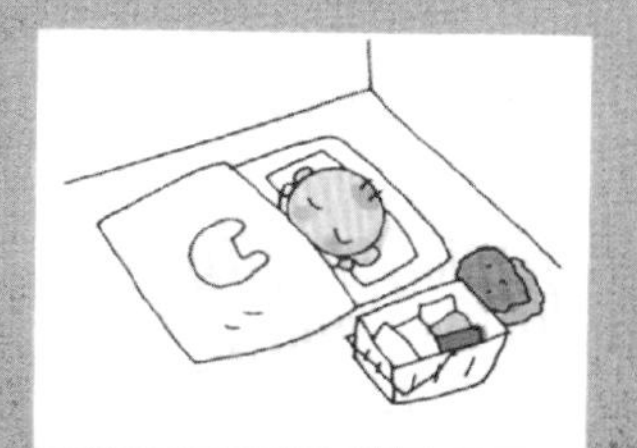

產假前、產假時事先要完成哪些事情？

有工作的女性，通常在懷孕第九個月時就會休產假。產假前和產假時，事先要做好一些準備。

不要勉強工作

為了取得產後的育兒假，有的人在產前會拚命努力工作。然而，大腹便便通勤非常辛苦，所以，要擁有充分的休息時間。一旦感覺不舒服，就必須在中途下車休息。工作時避免長時間維持相同的姿勢，要經常活動身體，轉換心情。此外，也要注意吹冷氣所引發的問題。

工作事先完成交接

除了向上司提出生產的報告以及工作告一段落之外，產假前還要事先完成工作的交接。利用書面的方式交接，不僅清楚

易懂，同時有助於整理工作上的內容。請產假的人要先和接替自己工作的人打聲招呼，再以電子郵件或書面通知客戶或業務相關者。

請產假時要做的事

當妳覺得好不容易從工作中解放出來、擁有這麼長的休假時間時，卻意外的發現，原來要做的事情還有很多。例如參加媽媽教室、整理家務、購物以及慢慢去適應產後的事情等。事實上，打掃家裡也是很好的運動。

利用產假尋找托兒所

產後要立刻回到工作崗位的人，最好在產前先找好托兒所。哪裡有什麼樣的托兒所、有哪些服務項目、是否能放心的將孩子託付給對方等，最好自己親眼確認這些問題。另外，也可以利用嬰兒保姆、保育媽媽或民間的托兒所等。

第10個月（36～39週）

寶寶就快出生了……
我的寶寶
心跳加快

謝謝　謝謝　謝謝

還要再等一會兒才能看到自己的寶寶。
寶寶在骨盆內開始做生產的準備，
子宮稍微下降，對胃的壓迫減輕，
心悸、呼吸困難的現象也減輕了。
從這時候開始，子宮頻頻收縮。
頸管和陰道變得柔軟，分泌物增加，
媽媽的身體開始做生產的準備。
身體圓潤的嬰兒準備產出。
變成頭朝下的頭位，固定在骨盆內。
這時，媽媽體內的
免疫會傳給胎兒。
腦的中樞神經和內臟功能充實，
已經完成吃奶、
肺呼吸的準備了。

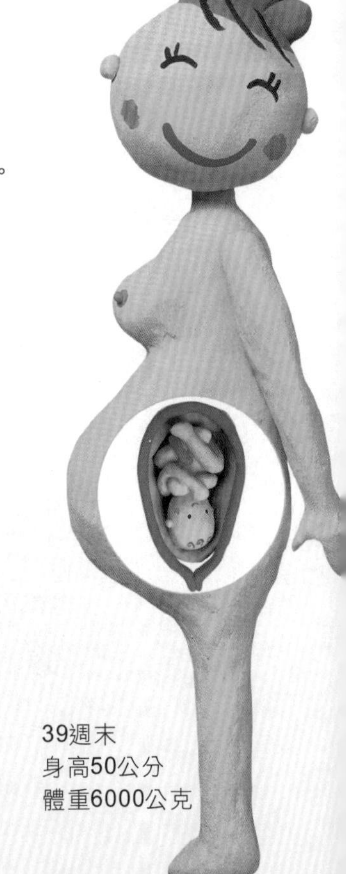

39週末
身高50公分
體重6000公克

租用商品

有時準備好的新生兒用品根本派不上用場，結果不知道如何收拾善後而感到後悔。建議不妨採取租用的方式。

佔空間的物品最好選擇租用的方式

新生兒的時期非常短。以前是多子的時代，最初會購買各種用品，然後留給下一胎使用。不過，如果只生一、兩胎，則到了最後一定會後悔購買那麼多的東西。因此，嬰兒床、嬰兒澡盆、大型嬰兒車等佔空間的物品，最好選擇租用的方式。

布尿布派人士可以考慮租用尿布

有的人考慮到紙尿布的弊端，因此，打算讓自己的孩子使用布尿布。然而，新生兒容易排泄大小便，洗一堆尿布會變成苦差事，所以，誕生了既能夠利用布尿布的優點，同時又能夠節省清洗時間的布尿布租用公司。可以向業者洽詢費用和送貨方式。

善用二手貨

嬰兒成長快速，準備好的內衣褲或衣服，很快就不能穿了。在二手貨專櫃中，能夠以便宜的價格買到一些回收的新衣物。同時也可以使用朋友送的二手貨。另外，孩子用不到的東西也可以賣掉。

懷孕後期的Q&A

胎兒在媽媽的肚子裡很有元氣的活動。
已經做好隨時都可以出生的萬全準備。
現在要消除不安，做好身心的準備。

最近排尿次數頻繁，真的沒問題嗎？

A 懷孕時，膀胱受到子宮的拉扯，容易引起頻尿。此外，肚子變大，膀胱受到壓迫，也是原因之一。有的人甚至會在打噴嚏或咳嗽時失禁。擔心外出時發生這種問題的人，可以準備防止漏尿的棉墊。憋尿容易罹患膀胱炎，所以，要勤於上廁所。

腹部經常緊繃，這是陣痛嗎？

懷孕後期，子宮比正常狀態大40倍，所以，子宮周圍受到壓迫時會造成各種影響。

臨盆時，腹部不規律的緊繃稱為「前驅陣痛」，這與真正的陣痛不同。如果腹部經常緊繃，或週期性的緊繃之後疼痛消失，就必須再觀察一段時間。

不過，若持續出現強烈的下腹痛或伴隨劇痛時，則要立刻就醫。

腰痛到無法熟睡，該怎麼辦呢？

變大的腹部壓迫腰部與胸部，仰躺睡覺十分痛苦。懷孕後期採取側躺的姿勢、在兩腿之間夾著墊子或在腹部下方放置墊子等較容易入睡。

此外，對生產感到不安而睡眠不足的人，則睡前可以聽一些悠閒的音樂或泡個澡，放鬆緊繃的情緒。

手腳浮腫是妊娠中毒症嗎？

懷孕後期，荷爾蒙的分泌量產生變化，血液循環不良，容易引起浮腫。

另外，長時間站立走路，腳也容易浮腫。如果把腳墊高休息或睡一晚就能消除浮腫，那就不必擔心，但是，睡一晚仍然無法消除浮腫，或按壓足脛時陷凹的狀態遲遲無法復原，那麼，就可能是妊娠中毒症了。

除了浮腫之外，妊娠中毒症的症狀還包括高血壓、蛋白尿等，必須特別注意。

避免攝取過多的鹽分、體重不要過度增加、勿使壓力積存等，都是預防妊娠中毒症的重點。

變大的腹部使腰和背部疼痛，無法輕鬆的做家事……

A 為了支撐較大的腹部，會形成腹部突出、背部後仰的狀態。這時，會對腰和背部造成極大的負擔，導致肌肉疲勞。無法保持和懷孕初期同樣的動作，所以，要盡量減輕家務，疲累時隨時充分休息。

保持中腰或前傾的姿勢，避免採取會對腰和背部造成負擔的姿勢。此外，進行孕婦體操或孕婦游泳等可以預防腰痛，但事前要和醫師商量一下。

何謂迫切早產？

懷孕第22～36週時分娩，稱為早產。而快要到達早產的狀態就稱為「先兆早產」。

先兆早產的原因包括過度疲勞、妊娠中毒症或多胎妊娠等。腹痛、背部和腰部疼痛、肚子發脹、破水或出血等，都是先兆早產的徵兆。早期發現徵兆早期治療，盡量讓胎兒待在肚子裡較好。

治療主要是靜養，但是，到底要靜養到何種程度，則由醫師來判斷。若是需要絕對靜養，就必須住院，整天躺在床上。

Q 有的孕婦每天會對肚子裡的胎兒說話，真的需要進行胎教嗎？

A 除了專為孕婦開辦的座談會之外，市面上也販售各種胎教商品，掀起一股胎教旋風。有的母親為了提高胎兒的IQ，甚至從胎兒時期開始就積極的進行胎教。效果如何，目前不得而知。

有的人認為，對胎兒說話，能夠產生母親的自覺，增加親子之間的羈絆。不過，與其和周遭的朋友相比而焦躁度日，還不如悠閒的度過懷孕時期。

嬰兒終於出生了！

生產的流程

陣痛開始，不久之後就要和寶寶見面了。
腦海中記錄生產流程，和寶寶攜手合作度過這段時間吧！

1. 生產的訊息

　　生產時間接近時，胎兒下降，胃覺得輕鬆，肚子更為隆起。出現大腿根部疼痛、分泌物增加等的徵兆。出現摻雜血的分泌物時，表示即將開始出現陣痛。

2. 陣痛

　　強烈出現規律的緊繃感，這可能就是陣痛。

　　從間隔一小時、30分鐘，變成20分鐘，腹部緊繃的間隔時間不斷的縮短。當陣痛的間隔變成10分鐘時，就表示要開始生產了。

3. 住院

初產約間隔10分鐘，或一小時陣痛六次以上，就是住院的時機。要連絡醫院，確認是否應該立刻住院。

4. 醫院的檢查、處置

檢查子宮口的開口狀態、陣痛間隔強度、胎兒的心跳次數等。確認即將生產時，就要住院。依婦產科的不同，有時要事先進行剃毛、灌腸或導尿等處置。

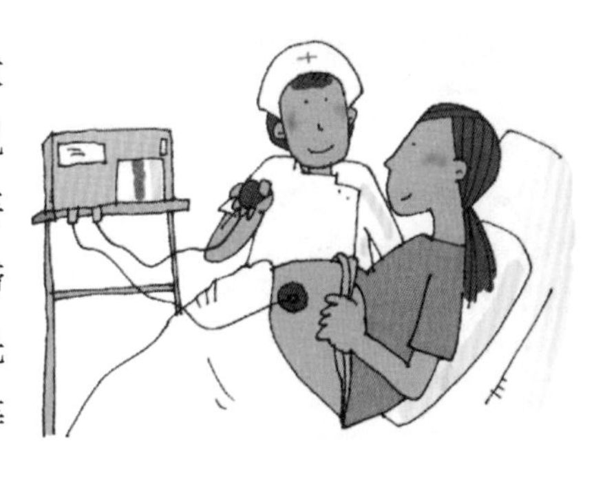

5. 送入分娩室

子宮口接近全開時，進入分娩室。依醫院的不同，有時是利用推床移動，但通常是自己慢慢的走過去。中途遇到陣痛時，就要暫時停下腳步。

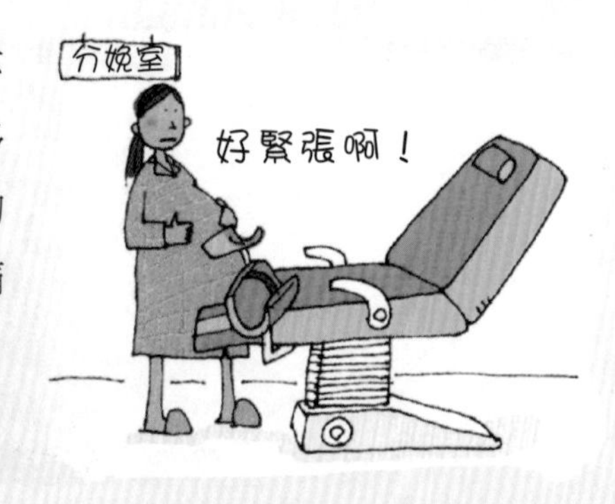

6. 開始用力

助產士會配合生產的經過，建議妳進行適當的呼吸法。即使想用力，也要配合陣痛的頻率，用力推出胎兒。

7. 排臨、發露

頭脫離骨盆，用力時，隱約可以從產道出口處看到嬰兒的枕部。這種狀態稱為「排臨」。接著，是在陣痛的空檔可以看到嬰兒頭的「發露」的狀態。這時，為防止會陰裂傷，要停止用力。

8. 誕生、後產

頭產出後，肩膀、胸、腿依序露出，然後嬰兒就誕生了。接著，再度出現輕微的陣痛，胎盤從子宮剝落，脫離母體。就這樣結束了整個生產過程。

陣　痛？

即將臨盆時會出現各種症狀。
不過，實際的生產是從陣痛和破水開始的。不要慌張，冷靜的處理吧！

破水和陣痛時，必須立刻和醫院連絡住院事宜。然而，從開始陣痛到子宮口全開，還要很長的一段時間，不可以慌張。

有些人根本沒有徵兆，即使有，也只是預告症狀的徵兆。除了流出大量的鮮血或血塊之外，否則不必立刻到醫院去。

此外，就算出現陣痛，若只是陣痛間隔不規律的前驅陣痛，則要稍微觀察情況，等到症狀發生變化再和醫院連絡即可。

生產的前兆

子宮口為了張開，產前會出現摻雜血液的黏液性分泌物，出現徵兆後不久就開始生產。

一定要做好生產的心理準備。出現徵兆時要冷靜。因人而異，徵兆各有不同，很多人甚至根本沒有出現任何的徵兆。

陣痛的大致標準

臨盆時腹部緊繃，但若出現間隔15分鐘以內的週期性緊繃感，然後疼痛逐漸遠離，好像消失似的，則不算是真正的陣痛。推估時間，初產約間隔10分鐘、經產約間隔15分鐘子宮收縮，這就是真正的陣痛，表示要開始生產了，必須立刻和醫院連絡。

破水時該怎麼辦

包住胎兒的卵膜破裂，羊水流出，稱為破水。很多人都是破水後才開始生產的。有的人只是感覺好像有水流出，而有的人卻覺得好像有大量的水從體內流出，因人而異，各有不同，不能夠以量來判斷。

若自己可以使其停止，則可能是漏水。若是流個不停，則可能是破水，要立刻就醫。這時，先墊上衛生棉，保持安靜，搭車前往醫院。

住 院

事先確認開始生產時的注意事項。
如此一來，即使獨處也不會慌張。

住院的時機是開始陣痛時，但是，在破水或大量出血、劇痛或發燒時就要連絡醫院。如果不需要緊急處理，則可以由家人開車或搭乘計程車前往醫院。時間充裕時，離家前最好先卸妝，取下隱形眼鏡，換成普通眼鏡。此外，不要忘記關瓦斯、鎖門。若是單獨前往生產住院，也千萬要冷靜。離家前，一定要確認好所有的事情。

打電話給醫院

出現陣痛之後，就是住院的時機。打電話給醫院，說明開始出現陣痛的時間和間隔、有無症狀或破水等，這樣醫院才可以做出暫時在家觀察情況或立刻就醫的指示。

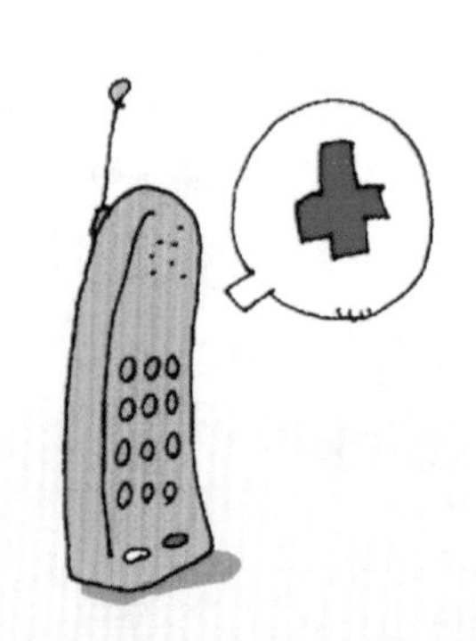

攜帶物品

住院時要攜帶母子手冊、健保卡、檢查券、零錢等最低限度的必備品。即使不帶行李，至少也要攜帶睡衣、內衣褲、盥洗用具等可以立刻使用的物品。其他住院時及出院時所需的物

品，事後再請家人帶來就可以了。

可以叫救護車嗎？

最好由家人開車或搭計程車前往醫院。就算陣痛較弱，也不可以自己開車。

只有需要緊急處理的病人或傷患才要叫救護車。除了早期胎盤脫離、大量出血或必須緊急進行分娩的情況之外，原則上不要搭乘救護車。

產前檢查與處置

對於平安生下寶寶而言，產前檢查或處置是必要的措施。了解理由和內容，完全接受再進行處置。

在醫院會進行與普通健康檢查同樣的檢查，然後經由內診檢查子宮口張開的程度、柔軟度，判斷要開始生產時則決定住院。

配合生產進行的情況，決定待在陣痛室或產房。

在產房時，為了平安無事的生下嬰兒，會進行各種的處置。不過，現在有很多醫院都不進行灌腸或剃毛的處置。

確認生產開始的檢查

抵達醫院後，進行問診，報告身體的狀況，接受尿液檢查或量血壓。

在健康檢查時，若發現胎兒的大小和方向異常，則必須利用超音波確認胎兒的位置和方向。經由內診，檢查子宮口張開的程度。確認開始生產時，就要立刻住院。

測量陣痛的強度及聽胎音

若是擔心使用陣痛促進劑會使胎兒的心跳次數降低，則最好等到生產時再使用陣痛促進劑。此外，即使是自然分娩，住院時也要分幾次測量陣痛強度、持續時間、間隔和胎兒的心跳次數，移到產房之後也要繼續測量，所以，必須安裝分娩監視裝置。

剃毛

在生產時所形成的會陰部的自然裂傷和會陰切開傷，產後必須縫合。為了便於擦拭傷口，住院時或移到產房時會剃除下半部的陰毛。

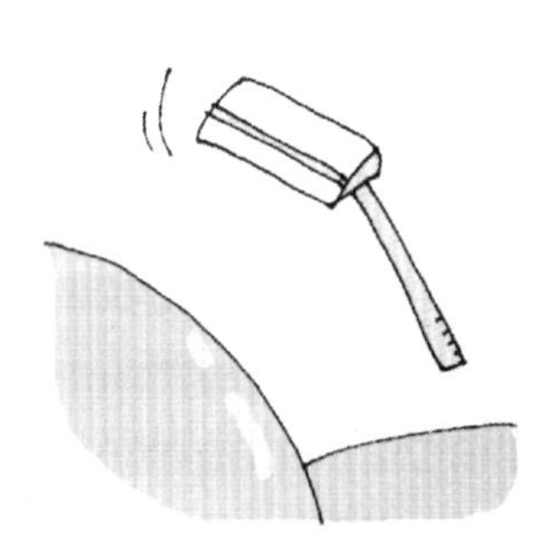

灌腸

胎兒往下滑時的產道與直腸比鄰而居，積存大量的糞便會妨礙生產，所以，住院時要進行灌腸。而灌腸也有加強陣痛的效果。

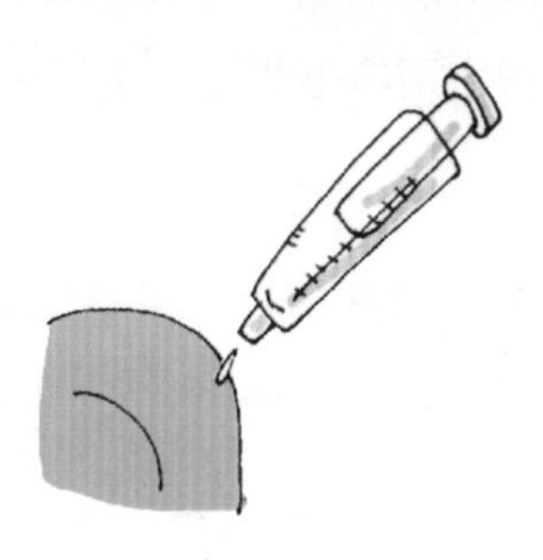

導尿

膀胱中的尿液排空之後，胎兒較容易往下降。因此，為了準備生產，有時會進行導尿。陣痛強烈而很難移動到廁所時，或產後靜養而尿液積存時，也要進行同樣的處置。

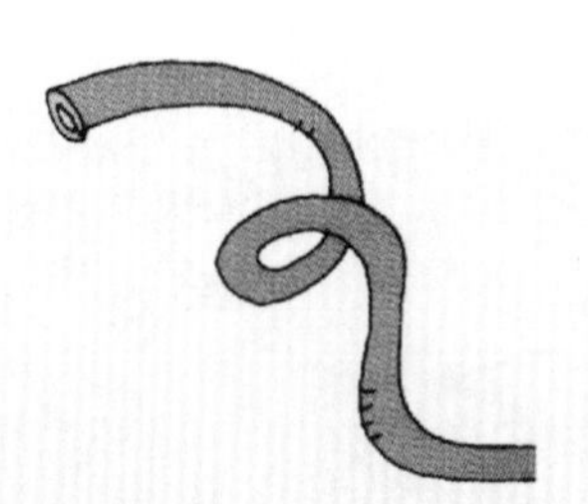

分娩室（產房）

嬰兒快要誕生了，把醫師和助產士的建議當成鼓勵，度過陣痛的痛苦，迎向最棒的瞬間吧！

配合陣痛的規律，用力推出嬰兒。

嬰兒的頭已經通過骨盆，經過排臨、發露，好像用頭將會陰往上推似的，擴大產道出口。會陰擴大到頭可以穿過的寬度時，要遵循助產士的指示，將手從分娩檯的握把上移動到胸上，更換為「哈哈」的短促呼吸。不久，嬰兒的頭就會先出來。若是初產，則約需花一～二小時的時間。接著，出現五～二十分鐘的輕微陣痛，排出胎盤。

配合信號用力

躺上分娩檯，做好萬全的準備時，助產士會指示「用力看看」。

仰躺時，要緊緊抓住分娩檯的握把，腳底緊緊的踩在踏腳檯上，膝蓋盡量張開。背部抵住分娩檯，收下顎，形成好像看著肚臍似的姿勢，將精神集中在產道和陰道上。嬰兒會藉著子宮收縮和用力

的強化效果，慢慢的從產道往下降。因此，配合陣痛的規律巧妙的用力很重要。就算是採自由姿勢生產，也可以用力。

排臨、發露後生產

頭通過骨盆後用力時，隱約可以看到嬰兒的枕部，稱為排臨。這時，在陣痛的空檔可以看到嬰兒的頭，稱為發露。

會陰伸展，擴張到嬰兒的頭能夠通過的寬度時，助產士就會做出進行「哈哈呼吸」的指示。

接著，手置於胸上，更換為短促的呼吸。不久，嬰兒就會從頭、肩膀、胸、腳依序產出。

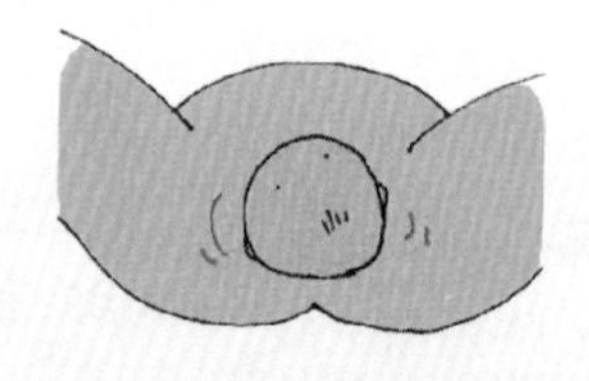

排出胎盤

嬰兒誕生後，再度出現輕微的陣痛，胎盤從子宮剝落排出，稱為後產。整個生產過程到此結束。

初次的擁抱

終於看到摯愛的寶寶。能夠感受到體溫的袋鼠照顧方式，更能加深親子間的羈絆。

袋鼠照顧原本是指待在集中治療室而無法接觸到母親的嬰兒所使用的照顧法。亦即將待在保溫室的嬰兒置於母親的衣服裡，母親以溫暖的身體給予擁抱，則就算嬰兒離開保溫箱，也能保持體溫，維持規律的呼吸，所以，才有袋鼠照顧的說法。

最近，確認這種袋鼠照顧法可以加深親子間的羈絆。藉著肌膚接觸，增加感情交流，再加上母乳餵哺嬰兒的觀念進步，以及具有使嬰兒呼吸穩定等的效果，所以，很多醫院在分娩之後，都會採取這種方法。

當然因醫院的不同而有不同，但是，母親可以提出要求，只要得到醫師的許可，就可以採取這種袋鼠照顧法。

何謂袋鼠照顧？

嬰兒和媽媽的肌膚直接接觸，嬰兒貼於媽媽的胸前，藉此加深親子羈絆的照顧法。這種姿勢會讓人聯想到袋鼠，所以，稱為袋鼠照顧。

袋鼠照顧的效果

使嬰兒的呼吸更為規律穩定，加深睡眠，清醒時也非常詳和。母親則可以直接感受到嬰兒的體溫，增加彼此的感情交流，引發用母乳餵哺的慾望。

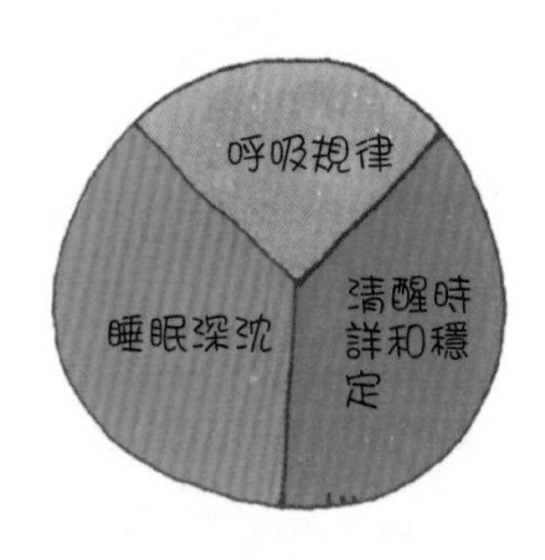

抱的方法

媽媽脫掉胸罩，穿著前開式的寬鬆衣服，將赤裸的嬰兒抱直，用媽媽的衣服包住嬰兒。身體傾斜60度左右，悠閒的抱著嬰兒。

哺　乳

對嬰兒而言，母乳是最適合的營養來源。

哺乳過程不順利時，不要焦躁，要耐心的讓嬰兒含著乳房，持續哺乳。

產後的第二～三天會漲奶，最好讓嬰兒吸吮母乳。最初可能會發生母乳不足或嬰兒無法順利吸吮的情況，但不要焦躁，要持續哺乳，慢慢的，母乳就會適量的分泌出來。

哺乳不必在意每隔三小時的規定，嬰兒肚子餓時，兩邊的乳房各餵哺十分鐘。吸奶時間過長或勉強將乳頭從嬰兒的口中拉出來，可能會使乳頭斷裂，要注意。

哺乳的時機

嬰兒肚子餓時就哺乳。更換尿布後還是哭鬧不停時，可用手指輕碰嬰兒的嘴唇，如果他做出好像要吸吮的動作時，那就表示肚子餓了。這時，兩邊的乳房各哺乳十分鐘。

哺乳的方法

將整個乳房往上抬，讓乳頭移到嬰兒嘴唇的周圍，調整抱姿，讓嬰兒連乳暈都要含在嘴巴裡。

哺乳結束後

經過一段時間，乳暈陷凹，乳房和嬰兒的嘴巴之間形成縫隙時，就要輕輕的將手指深入縫隙中，慢慢的擴大縫隙，讓乳頭離開嬰兒的口中。哺乳之後，將嬰兒抱直，輕拍背部，使其打飽嗝。遲遲不打飽嗝時，則要將嬰兒的頭稍微抬高，讓他側躺睡覺。

糞　便

黃色糞便表示嬰兒很有元氣。
要勤於更換尿布，讓嬰兒隨時保持好心情。

嬰兒哭泣時要檢查尿布。嬰兒一天中可能會排便、排尿好幾次。哺乳前後都要檢查一下尿布。此外，為了防止尿布疹，一定要勤於更換尿布。

嬰兒期的嬰兒糞便，由於殘留膽汁色素膽紅素，所以，呈現鮮豔的黃色。有的則帶有綠色，這是因為糞便長時間積存在腸中，膽紅素氧化變成綠色的緣故，不必擔心。

無論是布尿布或紙尿布，都要盡量用馬桶的水將糞便沖掉。如果是紙尿布，則必須用塑膠袋裝好，丟到有蓋子的桶中，這樣就不必擔心臭氣的問題。布尿布則要浸泡在溶入尿布用洗劑的水桶中，累積數條後再一起清洗。

嬰兒哭泣時就要檢查尿布

剛出生不久的嬰兒，一天甚至會排尿十幾次。哺乳前後、嬰兒哭泣時都要檢查尿布。

預防及處理尿布疹

勤於更換尿布就能預防尿布疹。臀部發疹、發紅時，則清潔臀部後，要保持乾燥。

分別使用布尿布與紙尿布

最近很多母親都只使用紙尿布，但是，紙尿布會增加垃圾量，成本也較高，所以，最好根據晝夜或外出等各種場合輪流使用布尿布和紙尿布。

媽媽有空的時候就使用布尿布，將孩子交給爸爸時再用紙尿布。現在很多家庭會配合TPO而併用布尿布和紙尿布。

產後身體的復原情況？

產後為了使原先變化的身體恢復原狀，有時會出現不舒服的症狀。首先要讓身體取得足夠的休息。

當天

大量出血等產後的母體為避免發生問題，應該要在產房觀察二～三小時，然後再回到病房休養。

產後第一天

可以走路去洗臉或是上廁所。上完廁所後，要用消毒棉花處理惡露（生產時子宮或產道的傷口及摻雜子宮內膜碎片的分泌物稱為惡露）。切開會陰後會產生疼痛感，可以利用圓形坐墊練習坐在床上。如果無異常，則可以淋浴。

產後第二天

惡露逐漸減少。餵哺嬰兒母乳，則子宮會收縮而暫時出現「後陣痛」。

產後第三～四天

切開會陰的傷口大致痊癒，疼痛緩和。

妊娠紋和靜脈痕跡逐漸變淡，惡露慢慢的從紅色變成褐色，量也減少了。

此外，會出現漲奶的情況。

產後第五天、出院

通常在產後第五～七天就能夠出院。這時，身體狀況和心情都恢復正常。若是切開會陰之後縫合，則惡露會由褐色逐漸變成黃色。

出院後的生活方式？

寶寶終於誕生了。爸爸媽媽還不習慣，照顧嬰兒很辛苦，但夫妻要攜手合作，一起努力。

出院後第一週

這個時期不能過於勉強。沈重的育兒工作讓人疲累。寢具不必急於收拾。嬰兒睡覺時就和他一起休息，為自己的體力和氣力充電。家事可以請家人協助。

出院後第二週

惡露逐漸減少，可以從生理用的衛生棉墊更換為普通的衛生棉。不過，還不能泡澡，只能淋浴。

選擇做些準備三餐及洗衣等輕鬆的家事，讓身體逐漸習慣。

出院後第三週

還不能做需要勞力的工作，但是可以慢慢的恢復正常的生活。可以到戶外散散步，不過嬰兒缺乏抵抗力，所以，要避免到擁擠的人群中。

這個時期仍會受到荷爾蒙的影響，容易形成斑點和雀斑，所以，要做好防曬工作。

出院後第四週

第一個月健康檢查沒問題時，可以泡澡或進行性行為。即使沒有生理期，也可能會排卵，要記得避孕。使用保險套感覺疼痛時，可以借助市售的潤滑劑。

產褥體操

為防止惡露停滯，同時促進子宮收縮，必須進行產褥體操。選擇輕鬆的體操，轉換心情。

生產當天

墊子置於腋下，趴在上面，慢慢的反覆進行深呼吸。

第一天

仰躺，腳跟著地，腳尖立起伸直，朝左右交互倒。反覆進行這些動作。

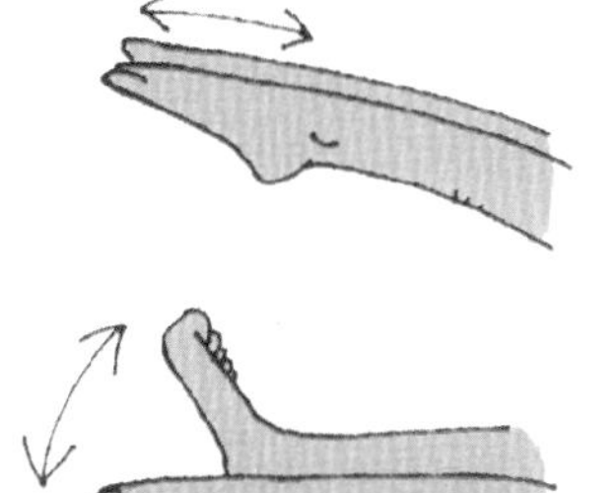

第二天

仰躺，往上伸的雙手朝左右攤開。接著，雙手伸到頭上，吸氣的同時伸展全身。

第三天

仰躺，兩膝立起，朝左右交互倒。倒下時吐氣，還原時吸氣。

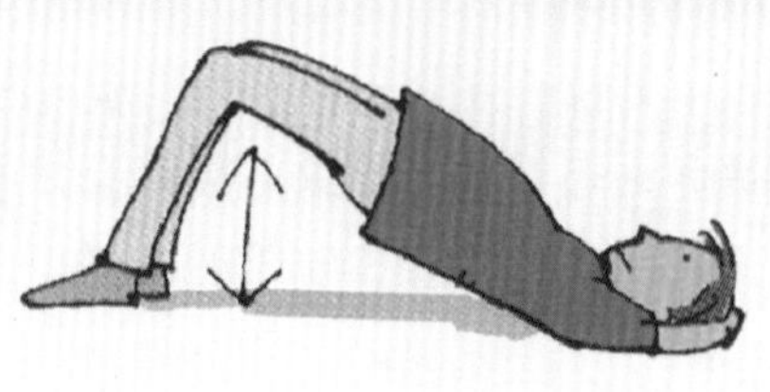

第四天

仰躺，上半身朝左右扭轉。

第五天

膝不要彎曲，腳交互往上抬。運動到不會對腹部造成負擔的程度即可。

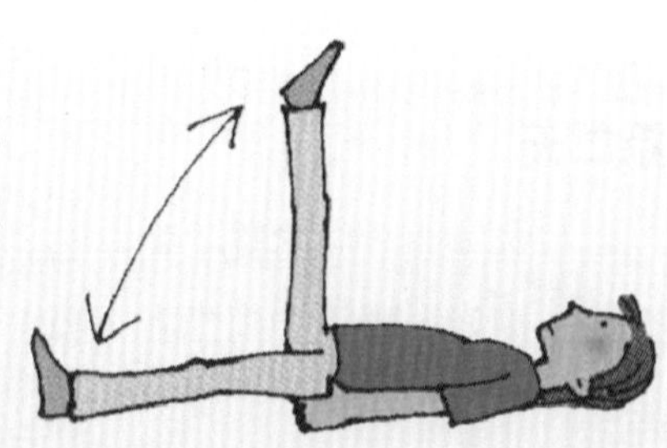

為嬰兒搔癢及按摩

讓嬰兒快樂很重要。但是不可過於勉強。
每天持續做這些動作，能夠加深親子間的親情及信賴關係。

為嬰兒搔癢及按摩，能夠提高嬰兒的積極性，使嬰兒自己活動的力量更加旺盛，同時調整食慾或睡眠等日常生活規律，具有提高情緒穩定性的效果。

其目的就是為了加強親子之間的牽絆，培養感情與信賴關係，但是絕對不可過於勉強。讓嬰兒快樂而希望妳陪他玩，這才是最重要的。

為嬰兒搔癢及按摩時，為了防止弄傷嬰兒的肌膚，母親一定要剪指甲，取下戒指或手錶等，尤其要先洗手。

結束時，則要幫嬰兒擦汗，補充水分，然後再讓嬰兒好好的休息。

在何時何地進行呢?

配合媽媽和嬰兒的生活規律，在睡午覺前、洗澡前、晚上睡覺前等，選擇輕鬆的時間，在明亮的房間一邊進行，一邊呼吸新鮮的空氣。

方法為何？

可以配合音樂，很有節奏的為嬰兒搔癢。按摩則是母親好像用手掌包住整個嬰兒的身體似的進行按摩。

總之，一定要面帶笑容，輕聲細語的和嬰兒說話，而且要看著嬰兒的眼睛來進行，這一點非常重要。

不可勉強

不要一直為嬰兒搔癢或按摩，如果讓嬰兒不快樂，那就毫無意義了。因此，絕對不可勉強。嬰兒玩累了時、想睡覺時、吃飽時和肚子餓時，都要避免進行這些行為。

懷孕時的生理問題與處理法

懷孕時所引起的各種不適症狀，幾乎都是伴隨懷孕所產生的生理現象，不必擔心。

心悸、呼吸困難

懷孕時，血液送到胎盤內，與未懷孕時相比，血液量會增加。懷孕八個月時，血液量變成普通的1.3倍，會增加對心臟的負擔。

懷孕中期以後，子宮逐漸變大，壓迫到肺和心臟，因此，爬樓梯時容易出現心悸或呼吸困難的現象。

■如何預防

不要勉強，多花點時間一邊走路一邊休息。

■處理法

心跳突然加快或累到必須用背部喘氣時，就要立刻坐下來休息。

■這時該怎麼辦？

症狀嚴重到難以忍耐時就要接受檢查。併發貧血或妊娠中毒症時，就要進行適當的治療。

頻　尿

懷孕初期或後期經常會出現排尿次數頻繁的頻尿現象。

初期子宮突然增大，壓迫膀胱，會頻頻感覺到尿意。

後期則是因為下降的胎兒頭壓迫到膀胱、尿道肌肉功能減弱或膀胱周圍瘀血而出現頻尿現象。

無論何種情況，都是因為膀胱積存尿液，對這種刺

激產生敏感反應所造成的。實際上，膀胱中尚未積存到足夠的尿量，所以，就算去上廁所，排尿量也不多。

■處理法

這是自然的生理現象，無法改善。不過，憋尿容易罹患膀胱炎，所以，還是要經常去上廁所。

■這時該怎麼辦？

排尿時產生疼痛或殘尿感，則可能是膀胱炎，要接受檢查。

胃灼熱、胃脹

懷孕初期，孕吐會引起胃灼熱或胃脹的現象。

懷孕後期，則是因為增大的子宮將胃往上推，胃中的食物無法被充分消化，所以，飯後就會出現胃灼熱或胃脹的現象。

■如何預防

避免吃油膩的食物，少量多餐，一天吃四～五餐。多花點時間用餐，飯後則要充分休息。

■處理法

食慾不振時也不必過份擔心，但是，很痛苦時則要去看醫師。

分泌物增多

懷孕時因為荷爾蒙的影響，頸管黏液或陰道內的分泌物增加，使得分泌物增多。

■處理法

保持清潔，經常洗澡。一天最好更換二～三次內褲。

■這時該怎麼辦？

會陰部強烈發癢，出現如白色豆腐渣般的分泌物，那可能是念珠菌造成的陰道炎。

此外，出現難聞的臭味或帶膿的黃色分泌物時，可能是滴蟲性陰道炎。一旦發現異常，就要立刻就醫。

身體發癢

懷孕中期以後，腹部或背部感覺發癢。尤其下腹部，異常發癢。這是懷孕使得腎功能減弱而引起的症狀。

■處理法

奇癢難耐時，在抓癢之前要去看醫師，請醫師開點止癢藥。

掉髮、白髮

因為荷爾蒙平衡發生變化，突然出現掉髮或白髮的現象。事實上，這是暫時性的，產後就能夠復原。

■處理法

懷孕時新陳代謝旺盛，頭皮容易出現油汙。這時，要利用刺激性較低的洗髮精好好的清洗。

此外，染髮時要請美容院做好預防斑疹的處理。

腳抽筋

懷孕中期到後期容易出現的症狀。肚子變大，對腳的負擔增加，下半身血液循環不良，容易引起腳抽筋。

此外，也和缺乏鈣、運動不足有關。

■該如何預防

洗澡時或就寢前，按摩腳，同時藉著散步或孕婦體操養成活動身體的習慣。

此外，要積極的攝取乳製品、小魚或深色蔬菜。

■處理法

腳抽筋時，要將腳趾拉向腳背側，伸直小腿肚的肌肉。

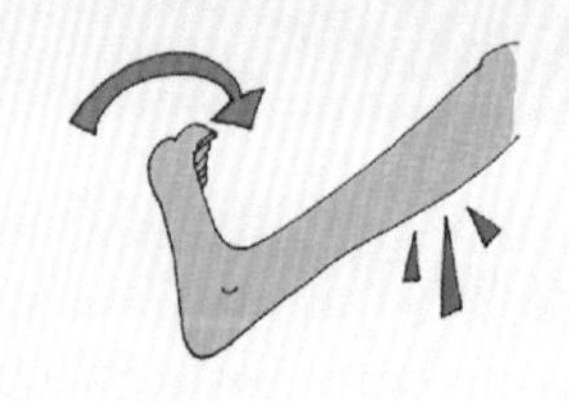

起立性眩暈、暈眩

懷孕時，血管壁的緊張度降低，血壓偏低，突然站起來或泡澡時，瞬間會出現頭暈或起立性眩暈的現象。

此外，懷孕會使血液變得稀薄，引起貧血，所以也容易出現這種情況。

■該如何預防

貧血時，要多攝取富含鐵質的食品。低血壓時，則不可長時間站立，而且要慢慢的站起來，注意自己的動作。

此外，因為壓力而導致自律神經平衡失調時，也可能引起低血壓，所以，要悠閒的生活，避免疲勞過度或睡眠不足。

■處理法

出現頭暈或起立性眩暈時，要坐在椅子上或蹲下來稍微休息一下，最好能夠躺下來。靜躺能夠使這些症狀消失。

仰躺時發冷或發汗

子宮的後方有從腳回到心臟的靜脈延伸，仰躺睡覺時，變大的子宮會壓迫此處的靜脈，導致血壓下降，產生不適感，引起腦貧血。

■該如何預防

休息時身體採取側躺的姿勢較有效。下面的腳稍微拉到後方，另一隻腳則伸到前方，略微彎曲。夾住抱枕等，能夠使姿勢更輕鬆。

牙齦出血

懷孕時荷爾蒙分泌旺盛，全身黏膜容易充血。牙齦也是黏膜，所以，容易出血，不必擔心這個問題。產後就會自然痊癒。

不過，懷孕時抵抗力減弱，可能會使黏液變成酸性、發黏，牙垢容易增加。用餐次數增加或因為孕吐而懶得刷牙時，口中無法保持清潔，容易罹患牙周病。這時，就必須注意妊娠性牙周炎的問題了。

■該如何預防

吃完東西後需要立刻刷牙，同時要用柔軟的牙刷輕輕的刷洗。

覺得不舒服而無法刷牙

時，可以利用漱口等方式保持口中的清潔。

出現靜脈瘤

子宮變大後，下半身血管受到壓迫，血液循環不良，而且受到荷爾蒙的影響，血管壁鬆弛，就會導致靜脈內容易積存血液。大腿內側、小腿肚、腳背、外陰部、大腿根部會出現好像瘤一般藍黑色的靜脈瘤。

■該如何預防

為了不讓血液積存在下半身，所以，要避免長時間站立。而且為了維持血液循環順暢，每天都要洗澡。

肥胖的人容易出現靜脈瘤，所以，要注意體重增加的問題。

■處理法

活動身體或睡覺時將腳墊高，就可以提高下半身的血液循環。此外，穿彈性絲襪可以防止瘀血或形成靜脈瘤。

■這時該怎麼辦

有的人會疼痛。疼痛時就要去看醫師。

腹部和乳房出現紅色線條

懷孕後期，腹部、乳房、大腿和臀部等脂肪較厚的部分，會出現如蚯蚓般的紅色或紫紅色線條，這就是妊娠紋。腹部突然增大，表皮下的真皮趕不上皮膚伸展的速度而形成龜裂，此即是妊娠紋。

因此，原本較胖的人或多胎妊娠以及個子矮小的人，容易出現妊娠紋。

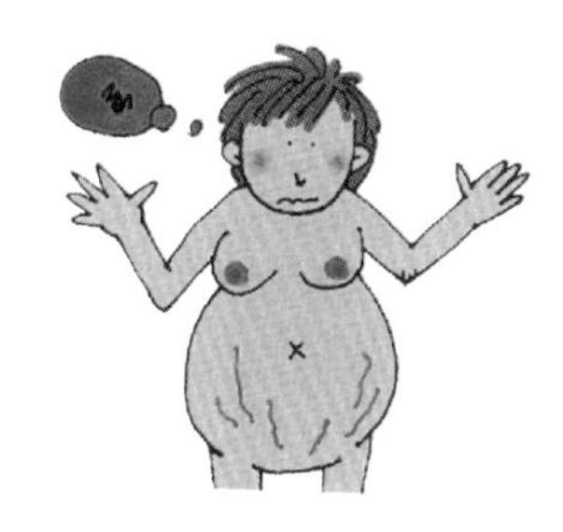

■該如何預防

最大的原因是體重突然增加，所以，要避免過度發胖。此外，乾燥時皮膚不易伸展，所以，容易形成妊娠紋的部分要塗抹保溼霜。

另外，按摩也有效。使用整個手掌，從腹部中央朝外以順時針的方向沿著肚臍周圍按摩。乳房下方則是從腋下朝中央部按摩。

手浮腫、發麻

晚上睡覺時，血液流動減緩，所以，早上起床時容易出現浮腫。尤其懷孕後期更容易浮腫，早上起床時，手指活動不順暢或產生發麻感。

這時，只要將手指張開、併攏，慢慢的就能使症狀消失，不必擔心。然而，有的人因為浮腫而壓迫到手腕肌腱，甚至無法拿筷子或牙刷。這種疼痛或發麻現象就稱為「腕管症候群」。

過度使用手會使症狀惡化，所以，在這段期間內要請家人幫忙做家事。產後一～二週內就能自然痊癒。

該如何預防

避免攝取過多的鹽分或水分，平時要積極進行手臂抬起、放下的運動，促進手臂的血液循環。

處理法

出現浮腫現象時，要按摩手臂，好好的泡個澡，改善血液循環。貼溼布能消除發麻現象，並具有改善血液循環的效果。

腰痛、背痛

懷孕後期腹部變大後，腰部沈重，產生倦怠感，腰到背部出現緊繃、疼痛感。這是因為沈重的腹部使得身體形成後仰的姿勢，必須用腰和背部的肌肉支撐整個身體所致。此外，懷孕時，骨盆的骨結合部分因為黃體素的作用而鬆弛。

另外，腹部增大後，整個重心前移，骨也往前挪移而成為腰痛的原因。

該如何預防

避免長時間維持前傾的姿勢。進行孕婦體操時，要做腰部的伸展動作，放鬆腰和背部的肌肉。此外，孕婦游泳或走路等都能夠鍛鍊肌力。穿孕婦束腹，沿著脊柱方向支撐下腹部，或是穿低跟的鞋子挺直背肌，這些都有助於預防腰痛和背痛。

處理法

溫溼布療法能夠有效的抑制疼痛。可以使用市售的貼布或塗抹藥。

便　秘

懷孕時因為子宮增大，腹部沒有多餘的空間，所以會壓迫腸，導致腸的活動變得遲鈍，引起便秘。此外，因為懷孕而分泌旺盛的黃體素也和便秘有關。

這種激素會放鬆肌肉的緊張，使腸的功能遲鈍，造成排便不順暢。原本有便秘傾向的人，這種症狀會變得更為嚴重，必須注意。

該如何預防

就寢時，腸會旺盛的活動，所以，要養成早睡早起規律正常的生活習慣。要養成排便的習慣，就要在固定的時間去上廁所。同時，可以藉著散步或輕鬆的運動促進腸的活動。攝取富含纖維質的蔬菜、水果或海藻類也很重要。此外，空腹時喝點冰水、果汁或牛乳，也能使排便順暢。

處理法

自行服用瀉藥、灌腸，相當的危險。為嚴重的便秘所苦時，最好請醫師開藥。

痔　瘡

想要勉強排出硬便而用力時，容易造成出血。這是因為肛門周圍的靜脈瘀血，黏膜受損所致。懷孕時，增大的子宮壓迫到骨盆內，血液循環變差，尤其骨盆正下方的肛門周圍容易瘀血，引起痔瘡。

■該如何預防

過著不會得痔瘡的生活最重要。

另外，不可因為想要早點結束排便而過度用力。排便後，要藉著肛門沖洗器等保持肛門周圍的清潔。為促進血液循環，泡澡時一定要按摩肛門周圍。

■處理法

懷孕時盡量避免動痔瘡手術。若不是嚴重惡化，則產後自然會痊癒。症狀嚴重時，要和主治醫師商量，請醫師開藥。

富含食物纖維的前五名食品

標準量		重量	纖維含量
乾羊栖菜	1人份	10g	5.19g
乾香菇	1朵	10g	4.34g
玉米	1根	200g	4.02g
秋葵	4根	80g	3.67g
蘿蔔乾	1小撮	20g	3.58g

懷孕時的異常

有時會危及母體的生命，非常緊急。
事先擁有這些知識，能夠預防萬一。

子宮外孕

應該在子宮內膜著床的受精卵，卻在輸卵管、子宮頸管、卵巢或腹腔內等子宮內腔以外的部位著床而逐漸發育，這就是子宮外孕。

子宮外孕九九％都是輸卵管妊娠。

■症狀

初期階段，下腹部不會產生劇痛，而會斷斷續續出現刺痛感及輕微的出血。只要到婦產科接受檢查，就可以早期發現子宮外孕，避免發生憾事。

然而，有的人因為月經不順而沒有察覺懷孕，甚至直到出現下腹部劇痛及出血等症狀，才發現是子宮外孕。

引起休克狀態時，要立刻就醫。

■原因

輸卵管妊娠，是受精的卵子在通過輸卵管前往子宮時，因為通道狹窄等理由而無法通過，於是只好在該處著床、發育而造成的。以前有過輸卵管炎或墮胎經驗的人，容易出現這種現象。

■治療法

一旦胎兒在輸卵管內成長，輸卵管壁破裂，就會造成腹腔內大出血，危及母體的生命。因此，確認是輸卵管著床時，通常都需要動手術。

葡萄胎

葡萄胎是在子宮中製造胎盤的絨毛因為某些理由而異常增殖，擴散到整個子宮而吸收胎兒的疾病。積存各種大小的液體，形成如水疱般袋狀的絨毛，用超音波檢查時，會發現其有如葡萄粒一般。

在日本出現葡萄胎的機率，則是250次的懷孕中就會出現一次。

■症狀

懷孕八週左右時，會出現少量茶色的出血現象，而且孕吐症狀十分嚴重。接著，出現蛋白尿、浮腫、高血壓等與妊娠中毒症相同的症狀。用超音波檢查時，會發現七～八週的胎兒沒有心跳，而且發現葡萄串異常增加時，即可做出正確的診斷。放任不管，雖然會以自然流產的方式排泄掉，但可能會引起大量出血，非常危險。

■治療法

確定診斷之後，必須儘早搔刮內容物。就算只殘留少許的內容物，也會變成惡性疾病，所以，術後還要測量荷爾蒙及基礎體溫，定期追蹤。直到醫師認為沒問題之後，才可以進行下一次的懷孕。

常位胎盤早期剝離

通常在正常位置的胎盤會在嬰兒出生後排出，但是因為某種理由，胎盤在產前就已經從子宮內面開始剝離，這就稱為常位胎盤早期剝離。

■症狀

懷孕8個月後容易發生這個問題。突然產生劇烈的腹痛，引起子宮收縮，腹部有如板子一般，既硬又緊，按壓時會產生劇痛，而且出現顏面蒼白、發冷、發汗及休克等症狀。

■原因

原因不明，不過，妊娠中毒症的人容易出現這種現象，要特別注意。

此外，從高處跌落，腹部受到強烈的撞擊，或是子宮受到來自外部強烈的打擊時，就會出現這種現象。

■治療法

立刻進行輸血、休克處置，或是利用剖腹產的方式將胎兒和胎盤取出。

胎兒和母體相連的生命線胎盤剝落，會危及母子的生命，所以，只要出現些許的徵兆，就要立刻叫救護車送醫急救。

前置胎盤

通常受精卵會在子宮上著床，然後形成胎盤。一旦胎盤在下方形成時，子宮口的部分或全部都被蓋住，這就稱為前置胎盤。

■症狀

利用超音波檢查，可以儘早測出胎盤的位置，進行前置胎盤的診斷。

懷孕後期，肚子不痛，但經常出血。等到分娩期接近時，會突然大量出血。

流出大量鮮紅的血液而不覺得疼痛時，就是前置胎盤的特徵。

■原因

原因不明，但是出現子宮內膜炎、動過墮胎手術、動過切除子宮肌瘤手術而出現發炎或有傷口的人，則容易發生這種現象。

■治療法

懷孕後期，前置胎盤的人即使只有少許的出血症狀，也要立刻就醫。

多半以剖腹產的方式生產，不過，依胎盤的位置和出血狀態的不同，有時也可以自然分娩。

羊水過多症

羊水主要是在懷孕初期由母體的血液成分血漿製造出來的。

懷孕第七週約10ml，三十週時再加上胎兒尿就變成700～800ml。接近生產時期，與胎兒吞入的羊水量相比，胎兒尿減少，羊水量也會減少200～400ml。

不過，偶爾也會出現羊水量異常增加的情況。

如果羊水超過800ml，則是羊水過多症，這是比較罕見的問題。羊水量因人而異，聽取醫師的說明，不要杞人憂天。

■症狀

最近經由超音波檢查，可以測量羊水量，診斷出羊水過多症。肚子突然增大，壓迫胃、腸及胸部，出現浮腫、發燒、抽筋和便秘等症狀，甚至壓迫到心臟和肺，引起心悸，嚴重時會導致呼吸困難。

■原因

羊膜旺盛的分泌羊水，或是胎兒的中樞神經系統和消化系統異常，都可能會引發這種現象。此外，母親若是罹患糖尿病或心臟、腎臟方面的疾病，或患有妊娠中毒症以及胎兒為雙胞胎時，都可能會出現這種症狀。

■治療法

羊水過多症必須先調查原因，然後再進行適當的治療。

前期破水

陣痛開始而子宮口張開時，卵膜的一部分破裂，羊水流出，稱為破水。如果在出現陣痛之前就突然破水，則稱為前期破水。

■症狀

流出溫熱如水般的分泌物，量因人而異。有的人會誤以為是少量的漏尿。

不過，羊水是無色透明的，而且帶點臭味。

■對應

持續流出羊水時，則陰道和子宮相連的通道上的細菌就會進入子宮內，和羊水一併進入臍帶，造成危險。羊水破裂時，不可以洗澡，要立刻墊衛生棉就醫。

這時，盡量搭車前往。側躺，減少活動身體，避免羊水大量流出。

前期破水時，為預防感染，一定要住院。

妊娠中毒症

妊娠中毒症的三大症狀是高血壓、蛋白尿和浮腫。出現二項以上或只有一項但

很嚴重時，就可以診斷是妊娠中毒症。容易引起早產，嚴重時甚至會造成子癇（痙攣）或肺水腫等。不只是胎兒，也會危及母體的生命。

有高血壓傾向、罹患慢性腎炎或糖尿病等疾病、高齡生產、肥胖或懷雙胞胎的人，要特別注意。

■症狀

臉和眼瞼浮腫，手指腫脹，無法取下戒指，體重急速增加，頭痛很難痊癒，甚至出現刺眼的症狀。

■預防法

減少攝取鹽分，積極的補充維他命和礦物質，同時攝取植物性脂肪。只要定期接受健康檢查，就可以早期發現。

■治療法

診斷為妊娠中毒症時就要靜養，同時注意飲食。症狀輕微時可以在家中治療，但嚴重時就要住院。

孕婦方便手冊

住院用品檢查單

健康檢查時醫師會給予指導。依婦產科的不同，需要的物品也不同，最好事先確認。

■緊急時需要的物品

母子健康手冊
檢查券
健保卡
印鑑
錢

■出院時需要的物品

嬰兒用貼身衣物
嬰兒長袍
包巾
自己的衣服
新生兒用安全坐墊（坐車時）

■住院時需要的物品

睡衣
睡袍
拖鞋
浴巾和洗臉毛巾
襪子
產褥墊
哺乳用胸罩
生理用衛生棉
紗布
盥洗用具
衛生紙
基礎化妝品和護手膏等

■其他備妥便於使用的物品

耳機和喜歡的CD或錄音帶
水壺、盒裝果汁或寶特瓶飲料
照相機、攝影機
錶
暖暖包
育兒日記
筆記用具或零錢
紙杯、紙盤

保護懷孕、生產的在職女性的法律

告知懷孕時，有的公司會迫使員工離職。這種例子時有所聞。然而，現在已經制定各種法律，可以保護女性一邊工作一邊生孩子，產後也能安心的工作。

■勞動基準法

- 平均薪資計算特例。
- 產前產後休假。
- 關於孕婦產婦危險有害業務的就職限制。
- 懷孕時的簡單業務轉換。
- 孕婦產婦的勞動時間制改變形式的限制。
- 孕婦產婦的時間外勞動、休假勞動、深夜加班的限制。

■男女雇用機會均等法

- 看門診休假。
- 放寬通勤、減輕勤務。

■育兒・看護停工法

- 育兒停工

準備嬰兒用品

了解所需用品

首先是衣物。依生產季節的不同而有不同。剛出生的嬰兒，要準備三件50公分的短內衣。但是，嬰兒成長迅速，所以，60公分的也要準備二件。最好準備尺寸稍大的衣物（詳情參照下方的檢查單）。

收集資訊，尋找可以便宜購物的地方

最近，很多人都會利用型錄購物或網路購物等通信購物方式。此外，也可以趁著附近的嬰兒用品店大拍賣時去採購。一邊看檢查單，一邊尋找販售便宜貨的地方。

與其購買，不如用借的更划算

嬰兒澡盆、嬰兒床或大型嬰兒車、新生兒用的安全坐椅等，這些使用期間短且佔空間的物品，與其購買，不如採取租借的方式，或向親友借用。衡量家中的情況來選擇購買或租借。若是要租借，在哪裡借比較好，都要事先調查清楚。

嬰兒用品檢查單

■衣物

短內衣・50公分→2～3件

60公分→1～2件

長內衣・50公分→1～2件

60公分→1～2件

整組內衣

(50～70公分)→2～3件

嬰兒袍→1件

包巾→1條

■沖奶用品

奶瓶→1

■尿布

紙尿布(新生兒用)→1包

溼巾→1包

用布尿布時

布尿布→20～30條

尿布兜→3～4條

■寢具用品

嬰兒寢具→上下1組

床單→上下1組

毛巾被→1～2條

■洗澡用品

嬰兒澡盆→1

嬰兒皂或沐浴乳→1

紗布、手巾→5～8條

嬰兒爽身粉→1

嬰兒乳液→1

指甲刀、嬰兒用棉花棒→1組

水溫計→1

■外出用品

新生兒用安全坐椅→1

大型嬰兒車→1

母親背包→1

揹帶→1

主編介紹

浦野　晴美

（醫）晴晃會　育良診所所長

醫學博士・母體保護法指定醫師

・日本婦產科學會認定醫師

1976年畢業於熊本大學醫學部。20年來，擔任日本紅十字會醫療中心的婦產科醫師。鑽研出生前診斷及高危險懷孕等婦科的臨床知識。1980年成為國際紅十字會成員，加入德國紅十字會的外科團隊，從事柬埔寨難民的救護活動。1996年，以「安全環境中的自然分娩」為目標，和數名助產士一起設立育良診所，生意興隆。

身為人母的你……

從心底湧現出來
難以壓抑的感動喜悅……

同時口中不斷的呢喃著

謝謝

謝謝

謝謝

無可取代的喜悅化為感謝
欣然接受一切的事物……
很自然成為喜悅母親的妳

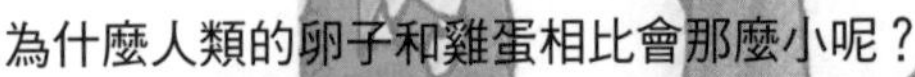

為什麼人類的卵子和雞蛋相比會那麼小呢？

與人類的卵子相比，雞蛋、鵝蛋或鱈魚子、鹹鮭魚子等魚卵非常的大。這是因為鳥或魚在卵的狀態下誕生，因此必須吸收卵中的營養才能夠發育為成熟的個體。

而無法以卵的狀態下生出來的人類，則從小小的卵子開始，約需花280天在媽媽的肚子裡成長。

因此，生下來時變成身高50公分、體重三公斤的嬰兒。感謝上天賜與妳健康寶寶

感謝上天賜與可愛寶寶的爸爸

謝謝　給予這安詳的一切的一切……

今後要和孩子朝夕相處

　　千萬不要忘記

　　享受此時此刻的

　　自然的喜悅

　　千萬不要忘記

　　共處在這裡

　　在這個時刻

　　充滿感謝

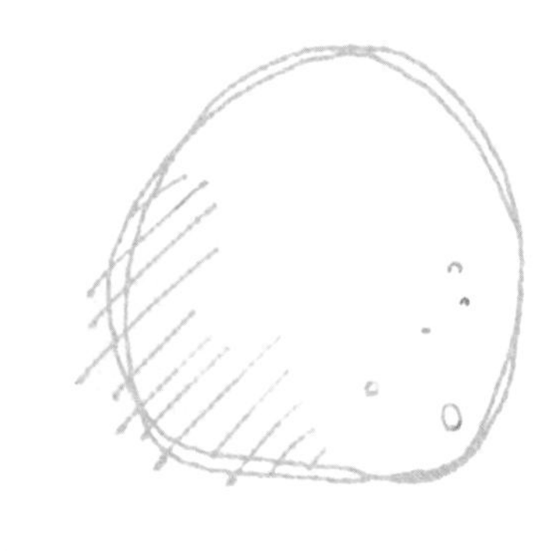

國家圖書館出版品預行編目資料

安心懷孕・生產／浦野晴美主編；施聖茹譯
－初版－臺北市，大展，民 94
面；21 公分－（女性醫學；4）
譯自：だいじょうぶ！妊娠・出産ブック
ISBN 957-468-353-2（平裝）
1. 妊娠　2. 分娩

429.12　　93021539

DAIJOUBU! NINSHIN・SHUSSAN BOOK

Originally published in Japan in 2002 by Nihon Bungeisha.
Chinese translation rights arranged through TOHAN CORPORATION, TOKYO., and Keio Cultural Enterprise Co., LTD.

安心懷孕、生產

ISBN 957-468-353-2

主　　編／浦野晴美
譯　　者／施聖茹
發 行 人／蔡森明
出 版 者／大展出版社有限公司
社　　址／台北市北投區（石牌）致遠一路 2 段 12 巷 1 號
電　　話／(02) 28236031・28236033・28233123
傳　　真／(02) 28272069
郵政劃撥／01669551
網　　址／www.dah-jaan.com.tw
E-mail／service@dah-jaan.com.tw
登 記 證／局版臺業字第 2171 號
承 印 者／揚昇彩色印刷有限公司
裝　　訂／協億印製廠股份有限公司
排 版 者／千兵企業有限公司
初版1刷／2005 年（民 94 年） 2 月

定　價／200 元

大展好書　好書大展
品嘗好書　冠群可期